Hotel Practice Terminology

호텔업무 수행에 필요한
전문용어 총정리

호텔실무용어집

김성원 · 노선희 · 박슬기 · 장현종 공저

ß (주)백산출판사

머리말

본서는 호텔경영학을 공부하는 학생들과 호텔리어가 되고자 하는 모든 분에게 기본적으로 필요한 호텔실무용어를 총망라하여 정리해놓은 호텔용어집이다. 호텔은 크게 객실부서, 식음료부서 그리고 지원부서로 구분할 수 있으며, 부서별로 특화된 업무 수행에 필요한 다양한 전문용어를 사용하고 있다. 따라서 본서는 호텔의 업무분야를 크게 3개로 구분하고 분야별 용어를 호텔을 처음 공부하는 학생들도 이해하기 쉽도록 자세한 설명과 함께 이해를 돕기 위한 다양한 시각적 자료를 포함하여 최대한 풀어서 설명하였다.

호텔산업은 갈수록 다양한 4차산업 기술의 접목으로 서비스가 다양화되고 고객의 편리에 맞게 변화하고 있다. 이러한 매력적인 호텔산업의 주인공으로 입문하기 위해서는 무엇보다도 호텔 실무분야에서 사용되는 전문용어를 먼저 이해해야만 한다. 그래야 호텔전공분야를 더욱 깊이 공부할 수 있기 때문이다. 특히 호텔경영학을 처음 전공하는 학생들에게는 이 용어집에서 소개하는 다양한 용어가 호텔전공 지식을 이해하는 데 많은 도움이 되리라 생각된다.

본서의 특징은 다음과 같다.

첫째, 호텔용어를 총 3개의 Part와 15개 chapter로 구성하였다.
둘째, 모든 용어는 알파벳 순서대로 정리하였으며, Part별로 내용을 쉽게
　　　찾을 수 있도록 번호를 매겨 구분하였다.
셋째, 외국어의 발음이 어려운 경우는 [ ] 안에 발음을 한글로 표기하고 한글
　　　뜻을 함께 표기하였다.
넷째, 유사용어는 ":" 뒤에 표기하였으며 약어는 풀어서 표기하였다.
다섯째, 용어의 이해를 도울 수 있는 다양한 사진 자료를 첨부하였다.

본서는 저자들의 오랜 호텔 실무경력과 강의 경험을 토대로 저술하였으며
호텔산업분야를 처음 접하는 일반인도 이해할 수 있도록 용어를 최대한
쉽게 풀어쓰도록 노력하였다. 또한, 기존의 호텔용어책에서는 볼 수 없었
던 다양한 시각적 이미지를 사용하여 내용의 이해도를 높이기 위해 노력
하였다. 하지만, 다양한 외래어를 한글로 표기하고 설명하는 데 있어 다소
매끄럽지 못하거나 부족한 부분이 여전히 있을 수 있다고 생각하며 이것
은 앞으로 지속적인 수정과 보완이 필요할 것이다.

끝으로, 본서의 출판을 위해 많은 도움을 주신 백산출판사 사장님을 비롯
하여 편집부 직원분들께 깊이 감사드린다.

저자 일동

CONTENTS

Hotel Practice
Terminology

PART 1

호텔 객실부문 용어

Chapter 1

객실부문 용어

1 Accomodation [숙박 시설]

여행객에게 객실 및 식사 등을 제공하는 넓은 의미로서의 숙박 시설을 의미한다.

2 Accommodation Change [객실 변경]

호텔 객실 시설의 수리 및 불가피한 상황으로 객실 사용이 어려워서 객실 변경을 하는 경우와 고객의 요청사항에 따라 객실을 변경하는 경우를 의미한다.

3 Adjoining Room [인접 객실]

두 개의 객실이 같은 방향으로 서로 인접해 있으며, 객실 간 내부로 통하는 문이 없다. 주로 일행이 인접한 객실을 요청할 때 제공된다.

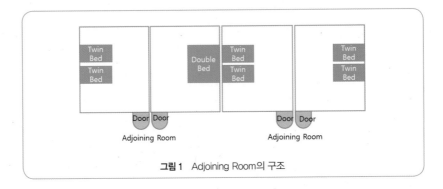

그림 1 Adjoining Room의 구조

4　Airport Hotel [공항 호텔]

공항 주변에 위치하거나 공항과 연결된 호텔을 의미한다. 다음 날 이른 시간에 항공기를 이용하기 위한 경우, 기상 관계로 출발이 지연된 경우에 여행객들과 승무원들이 주로 이용하는 호텔이다.

5　Airport Representative [공항 담당 직원]

공항에서 출발 및 도착하는 호텔 고객에게 편의를 제공하는 직원으로서 호텔 고객에게 리무진 서비스 혹은 픽업 서비스를 제공하며, VIP 고객이 요청한 서비스 등을 제공한다. 또한, 호텔을 대표하는 공항 담당 직원으로서 호텔 객실, 시설 및 서비스에 대한 정보를 제공한다.

그림 2　Airport Representative

6　Airtel [에어텔]

공항 근처에 위치한 호텔로서 Airport Hotel과 동일한 의미이다.

7　Amenity [호텔 객실 용품]

호텔 객실 내 제공되는 다양한 비품을 의미한다. 객실 내 비품으로는 다리미, 다리미판, 커피메이커, 컵, 티 혹은 커피, 옷걸이, 구둣솔 등이 있으며, 욕실 내의 비품으로는 비누, 샴푸, 치약, 칫솔, 면도용품, 샤워캡, 헤어 드라이기 등이 있다.

그림 3　객실 내 다양한 Amenity(콘래드호텔서울)

그림 4　객실 및 욕실 Amenity(안다즈호텔서울)

8　American Plan [아메리칸 플랜]

미국식 요금제도라고 불리며, 객실 요금에 조식, 중식, 석식 요금이 포함된 객실 요금 제도이다.

9　Arcade [아케이드]

호텔 내부에 위치한 상점으로 임대료 수익을 창출할 수 있다.

그림 5　호텔신라서울 아케이드(호텔신라 1층, B1층, www.shilla.net/seoul)

10 Available Room [사용가능한 객실]

호텔에서 판매가 가능한 객실을 의미한다.

11 Availability Report [객실현황보고서]

객실 상황에 대한 보고서로서 사용가능한 객실, 판매 예정 객실, 사용 불가한 객실 등에 대한 정보와 예상 도착 고객과 출발 고객에 대한 정보를 담고 있으며, 주로 야간 감사자(Night Auditor)가 이 보고서를 준비한다.

12 Baby Bed [유아용 침대] : Baby Crib

유아를 위한 작은 침대를 의미한다.

그림 6 Baby Crib

13 Back Office [관리부서] : Back of the House

호텔에서 고객과의 접촉이 없는 부서로서 총무부서, 인사부서, 마케팅 및 세일즈부서, 재경부서, 시설관리부서 등이 포함된다.

14 Back to Back [백투백]

사전적 뜻으로는 '연달아, 꼬리에 꼬리를 물고'라는 의미를 가진 표현으로서 호텔에서 고객의 체크인과 체크아웃이 계속하여 이어지는 것을 의미한다.

15 Baggage [수하물]

여행자가 여행 시 소지하는 개인 소유물 또는 수하물, 짐을 의미한다.

16 Baggage Down [수하물 운송 서비스] : Baggage Collection

고객이 체크아웃할 때 객실에서 전화로 요청하여 벨맨이 고객의 수하물을
호텔 현관으로 운반해 주는 서비스를 의미한다.

17 Baggage in Record [수하물 기록대장]

수하물에 대한 정보를 기록하며, 객실 번호, 고객 성명, 수하물 수량, 시간,
수하물 담당 직원 등의 이름이 포함된다.

18 Baggage Net [수하물 망]

고객의 수하물을 로비에 잠시 대기해 놓는 경우, 수하물에 망을 씌워 보관
한다.

19 Baggage Stand [배기지 스탠드] : Baggage Rack

객실 내에 수하물을 놓아둘 수 있는 받침대를 의미한다.

그림 7　Baggage Stand(콘래드호텔서울)

20 Baggage Tag [배기지 태그 : 수하물 보관표] : Luggage Tag, Claim Tag

고객이 수하물 보관을 요청할 때 수하물에 소유자를 표시하기 위한 표를 의미한다. 2장의 표로 구성되어 있으며 1매는 수하물에 부착하고, 1매는 고객이 보관하여 수하물을 찾을 때 제시한다. 그 밖에도 깨지기 쉬운 수하물을 구분하여 표시하기 위해 사용하는 Fragile Tag도 있다.

그림 8　Baggage & Fragile Tag(안다즈호텔서울, 포시즌스호텔서울)

21 Bath Maid [배스 메이드]

욕실을 청소하는 메이드 직원을 말한다. 보통 욕실과 객실을 모두 하우스 메이드가 담당하기도 하지만 최근 객실 정비의 위생문제 개선을 위해 객실의 화장실만 담당하는 전담 메이드를 두는 호텔이 늘어나는 추세다.

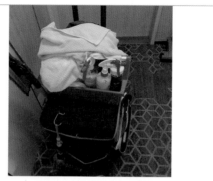

그림 9　욕실 청소도구 카트

22   Bath Mat [배스 매트] : Foot Mat, Foot Towel

욕실에서 사용하는 타월의 종류 중 하나로 욕실 바닥에 깔아 놓고 샤워 후 몸에서 떨어지는 물기를 1차적으로 제거하는 용도로 사용하는 타월이다. 즉, 미끄러짐을 방지하는 욕실용 매트를 의미한다. 수건 형태로 만들어져 있지만, 매트 모양으로 되어 있어 바닥에 깔아 물기를 흡수하는 용도로 사용해야 한다. 보통 욕조에 접어서 걸쳐놓는다. 사용방법은 샤워나 목욕 전 펼쳐서 바닥에 깔고 쓰면 된다. 사진 오른쪽에 보이는 매트는 두께감이 있는 수건 형태가 아닌 Bath Mat를 사용하는 스위트룸의 예시이며, 이 경우 바닥에 미리 깔아놓기도 한다.

그림 10   Bath Mat(좌 : 콘래드서울, 우 : 롯데호텔서울)

23   Bath Room Tray [배스룸 트레이]

욕실에서 사용하는 컵 등을 두는 쟁반을 의미한다.

그림 11   Bath Room Tray와 욕실 Amenity(아난티코드)

24 Bath Tub [배스 터브 : 욕조]

목욕통, 욕조를 의미한다.

그림 12 Bath Tub(안다즈호텔 서울)

25 Bathrobe Hook [베스로브 후크]

목욕용 가운을 걸어 놓는 고리를 의미한다.

그림 13 Bathrobe Hook(콘래드서울)

26 Bed and Breakfast [비앤비 : B&B]

영국, 북미, 아일랜드, 호주 등 주로 영어권 국가에서 사용하는 용어로서 사전적 의미로는 아침 식사가 나오는 간이 숙박을 의미한다. 객실 규모가 작으며 편의시설은 거의 없고, 숙박과 아침 식사를 비교적 저렴한 가격으로 이용할 수 있는 숙박 시설이다.

27   Bed Bridge [베드 브리지]

두 개의 침대 매트리스를 하나로 큰 매트리스로 만들기 위해 매트리스 사이의 공간을 메꾸는 도구를 의미한다. 주로 Hollywood Style의 Bed를 만들기 위해 두 개의 매트리스 사이에 Bed Bridge를 넣고 그 위를 리넨으로 덮으면 큰 사이즈의 침대를 만들 수 있게 된다.

28   Bed Pad [베드 패드]

침대의 매트리스 위에 까는 침대용 요를 의미한다. 침대에 Bed Making을 하는 데 있어 매트리스 위에 제일 먼저 놓는 패드이며, 매트리스의 쿠션감을 높이는 용도로 사용한다.

29   Bed Spread [침대 덮개] : Bed Cover

위생 및 장식의 용도로 침대를 덮는 천으로서, 청소가 완료된 객실의 침대를 덮는 침대 커버를 의미한다. 서양에서는 집 안에서도 신발을 신고 생활하기 때문에 잠자리에 들기 전까지 신발을 신고 있는 경우가 많다. 따라서 침대에 잠깐 누워 있는 경우 신발을 신은 채로 침대에 오르게 되면 신발의 먼지 등이 침구 위로 떨어질 수 있어서 일차적으로 침구를 위생적으로 보호하기 위해서 사용하기 시작하였다.

그림 14   Bed Spread

30 Bell Captain's Log [벨 캡틴로그] : Call Book

벨맨의 업무 활동을 기록해두는 일지를 의미한다.

31 Bell Man [벨 맨]

벨맨은 호텔의 프런트 데스크에서 고객의 체크인 절차가 완료된 후, 고객을 객실로 안내하는 업무를 수행한다. 벨맨의 주요 업무에는 수하물 운반, 객실 내 시설 이용에 대한 정보 제공 및 안내, 객실로 메시지 및 물품 전달, 수하물 보관 등이 포함된다.

32 Bell Stand [벨 스탠드]

로비에 위치한 벨맨의 데스크를 의미하며, 프런트 데스크에서 잘 보이는 호텔 현관 근처에 위치한다.

33 Bermuda Plan [버뮤다 플랜]

객실 요금에 미국식 조식(Full American Breakfast)이 포함된 객실 요금 제도를 의미한다.

34 Best Available Rate [BAR] : Best Rate Guaranteed (BRG)

이용 가능한 최상의 요금, 즉 가장 낮은 가격대로 단골 혹은 주요 고객에게 제공하는 것을 보증하는 요금을 의미한다.

35 Block [블럭]

단체 고객 혹은 호텔 측의 운영상 여러 객실을 묶어서 예약하는 상황을 블럭 예약이라고 한다.

36 Block Room [블럭룸]

단체 고객을 위해 혹은 호텔 측의 운영상 목적을 수행하기 위해 일정 구역의 여러 객실들을 사전에 지정하여 예약해 놓은 객실을 의미한다.

37 Brochure [브로슈어 : 팸플릿]

호텔에서 고객에게 호텔의 광고 혹은 선전을 목적으로 정보를 제공하기 위해 만든 작은 책자를 의미한다.

그림 15 호텔 안내 및 홍보를 위한 브로슈어

38 Cabana [카바나]

수영장 혹은 해수욕장 근처에 있는 이동 가능한 탈의실 혹은 작은 오두막 집을 의미하기도 하며, 고객에게 편의 및 휴식을 제공하기 위해 호텔 수영장 내에 설치된 구조물을 의미한다.

그림 16 Cabana

39 Cabaret [카바레]

식당 혹은 클럽에서 저녁 시간에 공연하는 쇼를 의미하는 용어이며, 주로

호텔, 레스토랑, 클럽 내 공연을 할 수 있는 공간이 구분되어 있고, 청중은 식사나 음료를 마시면서 공연을 관람할 수 있다.

40 Camp On [캠프 온]

객실 또는 호텔 내 다른 부서로 전화를 연결할 때 통화 중일 경우, 캠프 온을 작동시키고 잠시 대기하면 상대방 측의 전화가 종료된 후 자동적으로 연결되어 통화할 수 있도록 하는 시스템을 의미한다.

41 Chalet [샬레]

유럽의 알프스 지역에서 전형적으로 볼 수 있는 건물 유형 중 하나로서 나무로 지어졌으며, 완만한 경사의 지붕과 집 앞에 넓은 처마가 있는 형태를 갖추고 있고, 산장이나 별장을 의미하기도 한다.

그림 17 Chalet

42 Chamber Maid [챔버 메이드] : Room Maid

호텔 객실을 청소하는 직원을 의미한다.

43 Check Room [체크 룸]

호텔에서 고객의 소지품을 보관해 주는 장소를 의미한다.

44 Check In [체크인]

고객이 호텔의 프런트 데스크에 도착하면 룸 클럭(Room Clerk)이 고객의 예약 사항을 확인 후, 고객의 인적사항과 서명을 요구하는 등록 카드를 작성한 다음, 그 고객을 배정된 객실로 안내하는 과정을 체크인이라 한다.

45 Check Out [체크아웃]

고객이 객실 요금을 정산하고 열쇠 반납 후 호텔을 떠나는 과정을 의미한다.

46 Check Out Time [체크아웃 타임]

고객이 객실에서 체크아웃을 해야 하는 정해진 시간을 의미하며, 일반적으로 오전 11시 혹은 정오 12시로 정하고 있다.

47 CIP [씨아이피 : 상업적 중요 고객] : Commercial Important Person

Commercial Important Person의 약자로서 상업적인 거래에서 가치가 있는 중요한 고객을 의미한다.

48 City Hotel [도시호텔]

도시의 중심가에 위치하며, 비즈니스 고객, 관광 및 쇼핑 등의 목적으로 방문하는 관광객들이 주로 이용하며, 레스토랑 및 연회장 등 식음료 고객들도 주로 방문하는 호텔이다.

49 Claim Reservation [클레임 레저베이션]

예약하지 않은 고객이 예약하였다고 주장하며 객실을 요구하는 상황 혹은 고객은 예약하였으나 호텔 측의 초과예약(Overbooking)으로 인해 객실을 제공해 줄 수 없어 고객이 불평하게 된 상황을 의미한다.

50 Cloak Room [클로크 룸 : 휴대품 보관소]

호텔의 레스토랑 혹은 연회장 등에서 방문객의 소지품을 보관하는 장소를 의미한다.

51 Closed Dates [만실날짜]

해당 날짜에 객실이 만실로서 판매가 불가능한 기간을 의미한다.

52 Closet [옷장] : Wardrobe

벽에 부착된 옷장을 의미한다. 스위트룸의 경우 별도의 공간에 옷방의 형태로 큰 규모의 옷장을 구비하기도 한다.

그림 18 다양한 형태의 Closet(좌 : 안다즈서울, 우 : 롯데호텔서울)

그림 19 욕실 내 옷장공간을 갖춘 스위트룸(아난티코드)

53 Commercial Rate [커머셜 레이트 : 상용요금]

사업상의 목적으로 장기간 혹은 연중 호텔 객실을 사용하고자 하는 특정 기업체와 할인요금으로 계약을 맺는 것을 의미하며, 이는 도심지의 비즈니스 호텔에서 주로 운용되는 요금 제도이다.

54 Company Made Reservation [회사보증예약]

고객의 예약과 관련된 사항을 회사가 보증하는 예약을 의미한다.

55 Complimentary [컴플리멘터리 : 무료] : Comp.

사전적인 의미로는 '무료'의 의미를 지니며, 호텔에서는 판매 및 프로모션의 일환으로 고객에게 무료로 객실 혹은 식사 등을 제공하는 경우를 의미하며, 약자로 Comp.라고 사용된다.

56 CRS [컴퓨터 중앙예약시스템] : Computer Reservation System

여행사는 컴퓨터 중앙예약 시스템을 통해 항공 좌석, 호텔 예약 및 검색을 할 수 있으며, 이 시스템을 통해 요금이 자동으로 계산되고 최적 요금이 제시되며 고객 개인의 일정 관리 등의 기능을 활용할 수 있다.

57 Concession [컨세션]

영업권, 영업장소의 의미를 지니는 용어로서 호텔에서 시설과 서비스를 임대하는 것을 의미한다.

58 Concierge [컨시어지]

- 사전적 의미로는 (호텔, 아파트 등의) 관리인, 경비, 수위의 의미를 지닌 용어이다. Concierge의 어원은 라틴어 'Conservus'에서 비롯하였으며 프랑스어로 'Le Comte des Cierges'(촛불을 지키는 사람), 영어로는 'Keeper of Candles'라는 뜻으로 프랑스 중세시대의 성을 밝히는 초를 관리하는 사람이라는 뜻에서 유래되었다고 한다. 또한, 중세시대 유명한 정부 빌딩이나 성에서 '열쇠를 지키는 사람'을 지칭하는 말이기도 하였다. 오늘날에는 '고객의 편의를 위해 호텔에서 고객이 요청하는 정보 혹은 서비스 제공을 총괄적으로 담당하고 서비스하는 직책'이라는 의미로 사용하고 있다.

● 주로 호텔 로비의 프런트 데스크 가까이에 컨시어지 데스크가 있으
며, 고객에게 교통, 관광, 쇼핑, 식당 및 공연 예약 등 다양한 안내 서
비스 및 고객의 개인적인 업무처리에 있어 불편함이 없도록 프라이빗
(private) 비서 서비스를 제공하는 역할을 담당하고 있다.

여기서 잠깐!

Les Clefs d'Or [레클레도어 : 세계컨시어지협회 혹은 협회에서 수여하는 골든키를 의미하기도 함] : The Golden Keys

Les Clefs d'Or(세계컨시어지협회)는 1929년 프랑스 파리에서 창설된 비종교적, 비정치적 단체이며 국제적 컨시어지 네트워크 구축 및 전 세계 여행자들이 신뢰할 수 있는 컨시어지 육성에 그 목적을 두고 있다. 국제적으로는 1952년부터 창설되기 시작하였으며 우리나라는 1994년 (사)한국컨시어지협회(Les Clefs d'Or Korea)가 문화관광부 산하 비영리 단체로 당시 신라호텔의 컨시어지에 의해 설립되었으며, 2005년 문화관광부에 정식 등록되었다. 2006년에는 세계컨시어지협회 U.I.C.H(Union International Concierge d'Hotel)의 39번째 독립국가로 인정받아 국내외 특급호텔 컨시어지들과 네트워크를 형성하고 있다. 매년 세계컨시어지 총회가 각국에서 개최되고 있으며(2018년에는 서울에서 세계컨시어지 총회가 개최되었음), 2년마다 아시아컨시어지 총회, 매년 한국컨시어지 총회가 개최되고 있다.

이 협회 정회원은 호텔 유니폼 재킷 양쪽 어깨에 황금 열쇠 배지(badge)를 달고 있으며, 이것은 모든 문을 열 수 있는 만능키를 의미하면서 고객의 어떤 요구이든지 적극적으로 수행하겠다는 전 세계 특급호텔 최고의 컨시어지들의 의지와 최고의 서비스를 상징하기도 한다.

골든키 자격요건으로는 호텔 객실부서 경력 5년 이상, 컨시어지 근무 경력 3년 이상 등의 자격요건을 먼저 갖추어야 하며, 세계컨시어지협회의 엄격한 심사 후 통과된 사람에게만 골든키가 최종 수여된다. 이 골든키는 베테랑 전문 컨시어지를 의미하는 것이기에 전 세계 호텔의 컨시어지들이라면 누구나 한 번쯤 도전해 보고 싶어 하기도 한다.

2022년 현재 전 세계 80여 개국 530개 도시에서 약 4000여 명의 골든키 컨시어지가 근무하고 있다(출처 : 세계컨시어지협회 lesclefsdor.org). 2022년 현재 국내에는 80명의 컨시어지 멤버가 있으며 29명의 골든키 컨시어지가 있다(출처 : (사)한국컨시어지협회 http://lesclefsdorkorea.org).

레클레도어(골든키) 출처 : (사)한국컨시어지협회 홈페이지

59 Condominium [콘도미니엄]

관광진흥법 제3조에 따르면 휴양 콘도미니엄업은 "관광객의 숙박과 취사에 적합한 시설을 갖추어 이를 그 시설의 회원이나 공유자, 그 밖의 관광객에게 제공하거나 숙박에 딸리는 음식·운동·오락·휴양·공연 또는 연수에 적합한 시설 등을 함께 갖추어 이를 이용하게 하는 업"으로 규정되어 있다. 숙박 시설의 객실을 개인에게 분양 및 회원권 판매가 가능한 업이며, 사용하지 않는 기간에는 관리 회사에 객실에 대한 운영 및 관리를 위탁할 수 있다.

60 Connecting Room [커넥팅룸]

두 객실 사이 벽에 문이 있어 복도를 통하지 않고도 객실 사이를 왕래할 수 있도록 설계된 객실을 말한다. Adjoining Room과 비슷하지만, 객실 사이에 별도의 문이 있다는 것이 다른 점이다.

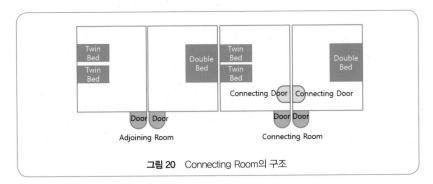

그림 20 Connecting Room의 구조

61 Continental Plan [대륙식 요금제도]

호텔 객실 요금에 컨티넨탈 블랙퍼스트(Continental Breakfast)가 포함되어 있는 제도로서 조식은 보통 커피, 티, 주스, 빵으로 구성된다.

62 Convention Bureau [컨벤션 뷰로]

국제회의 유치와 관련된 업무(장소, 예산, 제안서 작성, 마케팅, 홍보 등)를 지원해 주는 조직으로서 MICE 유치를 위한 도시마케팅 기구의 역할로

확대되고 있다.

63 Corporate Guarantee [코퍼레이트 개런티]

비즈니스 여행객의 노쇼를 줄이기 위해 호텔과 계약한 회사가 예약을 보증하는 형태를 의미한다.

64 Cottage [카티지]

도심에서 벗어난 지역에 주로 위치하는 작은 집을 의미하며, 휴양지에서는 그 지역의 건축 양식이 묻어나는 소규모 가옥 형태의 숙박시설을 의미한다.

65 Couch Bed [카우치 베드] : Sofa Bed

Couch는 긴 의자, 소파의 의미를 지닌 용어로, 소파와 침대로 사용이 가능한 스튜디오 베드(Studio Bed)와 유사한 개념이다.

66 Credit Check [크레디트 체크]

프런트 데스크 직원(Front Clerk)이 호텔 고객의 지불 능력을 확인하기 위해 신용카드의 유효 기간, 승인 가능 여부 등을 확인하는 업무를 의미한다.

67 Credit Limit [크레디트 리미트]

신용카드의 이용 가능 한도를 의미한다.

68 Cross-Training [크로스 트레이닝]

직원이 한 가지 이상의 직무를 습득할 수 있도록 다른 부서들에서 교육을 받을 수 있는 훈련 기법을 의미한다.

69 Cut-off Date [컷오프 데이트]

사전적 의미로는 마감일, 계산지정일의 의미를 지닌 용어로서, 호텔에서는 예약한 고객이 객실을 사용하지 않는 상황일 경우, 다른 고객에게 예약을 받을 수 있는 날짜를 의미한다.

70 Daily Pick-up Guest [당일 예약 고객]

객실예약부의 업무가 종료된 이후나 공휴일에 프런트 데스크에서 당일 예약을 접수하여 진행하는 경우를 의미한다.

71 Day Use [데이 유즈]

호텔 객실을 낮 동안만 사용하는 경우 1박 객실 요금을 할인하여 부과하는 요금을 의미한다.

72 Delivery Service [딜리버리 서비스]

고객 앞으로 도착한 물건 등을 객실로 배달하는 서비스를 의미하며, 호텔 업무상 고객에게 보내는 메시지 혹은 고객에게 도착한 우편물이나 팩스 등은 벨맨이 전달하며, 호텔 외부로부터 전달되는 물건의 경우에는 프런트 데스크에서 투숙객 확인 후 객실로 전달된다.

73 Departure List [디파처 리스트 : 출발고객 명단]

체크아웃 예정 고객의 성명, 객실 번호 등에 대한 정보가 포함된 보고서를 의미한다.

74 Deposit [디파짓 : 보증금]

객실을 예약하는 경우 혹은 호텔의 다른 서비스를 구매하기 위해 예약을 하는 경우 지급하는 예약 보증금을 의미한다.

75 Disputed Charge [디스퓨티드 차지]

고객이 호텔에서 상품 및 서비스를 이용하고 요금 지급과 관련하여 거부 의사를 표현하면서 분쟁, 논란이 되는 금액을 의미한다.

76 DNA [예약 후 취소] : Did Not Arrive

예약을 한 고객이 아무 연락 없이 호텔에 나타나지 않는 경우(No-Show)

혹은 연락을 취한 후 예약 취소를 하는 경우를 포함하는 의미이다.

77 D.N.D [방해금지] : Do Not Disturb

- 고객이 객실 내에서 직원의 출입으로 인해 방해받고 싶지 않다는 뜻이다. 주로 문고리에 걸어두는 카드를 활용하게 되는데 주로 앞면에는 "D.N.D", 뒷면에는 "Make-Up"이라고 쓰여 있어 "D.N.D"로 인해 받지 못한 객실정비를 받고자 할 때 활용할 수 있도록 하였다.

- 최근에는 카드 대신 객실 초인종이 이러한 기능을 넣어 객실 안쪽에서 버튼으로 눌러 표시할 수 있도록 하고 있으며 이 경우 밖에서 초인종을 눌러도 소리가 나지 않게 된다.

그림 21 DND카드

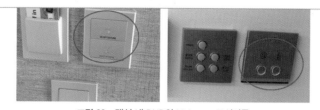

그림 22 객실 내 DND와 Make up 표시버튼

78 Door Chain [도어 체인]

객실 문을 안에서 걸어 잠그는 방범용 쇠줄을 말한다.

그림 23 Door Chain 걸이

79 Door Man [도어 맨]

호텔 현관 바깥쪽(외부)에서 근무하는 직원으로 호텔에 도착하는 고객을 맨 처음으로 만나게 되는 직원이다. 고객의 자동차 문을 열어주고, 닫아주며, 차량의 주차안내 등을 돕는다.

80 Door Open Service [도어 오픈 서비스]

투숙객이 객실 키를 분실했거나 객실 내에 두고 나왔을 경우 고객의 요청으로 객실 문을 열어주는 서비스이다. 이 경우에는 반드시 프런트 데스크에서 요청한 고객의 객실이 맞는지를 확인한 후에 벨맨이 마스터키(Master key)로 객실 문을 열어주게 된다.

81 Door Stopper [도어 스토퍼]

객실 문과 벽이 부딪혀 소리가 나는 것을 방지하기 위해 사용하는 도구이다. 고무로 만들어지며 이는 소음방지뿐만 아니라 벽지가 훼손되는 것을 보호하는 기능도 한다.

그림 24 Door Stopper

82　Door View [도어 뷰]

객실 문에 뚫려있는 작은 구멍으로 객실 내에서 복도 쪽을 확인할 수 있는 돋보기와 같은 장치이다.

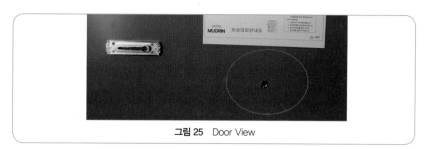

그림 25　Door View

83　Double-Double [더블 더블]

한 객실에 더블사이즈 침대(Double Sized Bed, 2인이 잘 수 있는 크기의 침대)가 2개 있는 객실 형태를 말한다. 따라서 최소 2인에서 최대 4인까지 투숙할 수 있다. 가족 단위 고객이 많은 호텔에서 주로 활용하는 객실 형태 중 하나이다.

84　Double-Locked Door [더블 락 도어]

이중으로 잠글 수 있는 장치가 장착된 객실 문을 말한다. 즉, 보통 호텔 객실 문은 객실 문을 닫으면 1차적으로 자동으로 잠기게 되는데 추가적으로 객실 안쪽에서 이중으로 잠글 수 있게 하여 외부에서 일반적인 Master Key로는 열 수 없도록 하는 문을 말한다.

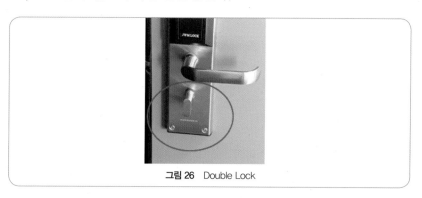

그림 26　Double Lock

85 Double Occupancy [더블 아큐펀시]

하나의 객실에 두 명이 투숙하는 것을 의미한다.

86 Double Occupancy Rate [더블 아큐펀시 레이트]

하나의 객실에 한 명의 투숙을 기본으로 하는 호텔객실요금 체계의 경우, 한 객실에 두 명이 투숙하는 경우 사람당 부과되는 객실 가격을 의미한다.

87 Double Room [더블 룸]

2인용 침대(Double Bed)가 비치된 객실을 의미한다.

그림 27   Double Room(좌 : 안다즈호텔서울, 우 : 롯데호텔서울)

88 Downgrading [다운그레이딩]

호텔 사정으로 인해 예약받은 객실 가격보다 저렴한 가격으로 객실을 배정하는 것이다. 이때 가격도 변경된 객실 가격으로 조정하게 된다. 하지만 간혹, 성수기 혹은 만실의 상황일 때 고객에게 양해를 구하고 객실 가격은 그대로 둔 채 객실 배정만 작은 크기로 조정하는 경우도 있다.

89 Drapery [드레이퍼리 : 주름]

주름이 잡힌 커튼으로 두꺼운 천으로 만들어 빛이 통과할 수 없도록 만든 커튼을 의미한다.

90 Drug Store [드러그 스토어]

호텔 내 간단히 약, 신문, 담배, 기타 잡화류 등을 구입할 수 있는 곳이다.

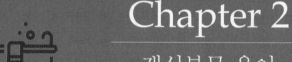

Chapter 2

객실부문 용어

91 Due Back [듀 백]

호텔 영업장 캐셔(Cashier)가 업무를 마감할 때 고객에게서 받은 현금액이 실제 매출액보다 더 많은 경우이다. 이 경우에는 초과하는 금액을 프런트 캐셔(Cashier)에게 인계하고 정리한다.

92 Due Out [듀 아웃]

당일 체크아웃 할 예정인 객실을 의미한다.

93 Duo Bed [듀오 베드] : Sofa Bed

접었다 폈다 하면서 용도를 변경할 수 있는 형태의 침대를 의미한다. 주로 낮에는 소파와 싱글베드로 사용하고, 밤에는 더블베드로도 사용할 수 있다.

94 Duplex [듀플렉스]

복층 구조를 가진 스위트룸(Suite Room)으로 아래층은 거실, 위층은 침실 공간으로 구성되어 있는 객실을 의미한다.

95 Dustbin [더스트빈 : 쓰레기통] : Trash Can

쓰레기통을 의미한다.

96   Dust Towel [더스트 타월]

객실 내 가구나 욕실 청소 시에 사용하는 걸레이다. 객실용, 일반청소용, 주방용, 화장실용 등으로 용도를 구분하여 사용한다.

97   Duty Manager [듀티 매니저 : 당직지배인] : M.O.D(Manager on Duty)

24시간 2교대 혹은 3교대로 근무하는 호텔 지배인이다. 특히 야간 시간대에 고객의 불평불만 처리 및 비상상황 발생 시 대처, 총지배인 및 객실부서 지배인 부재 시 직무대리, 공공지역의 청결 상태확인 및 유지, VIP고객 영접 및 관리, 호텔 내 전 영업장을 순찰, 야간 근무자의 지휘 및 감독, 당직일지 기록 등의 업무를 담당한다.

98   Early Arrival [조기투숙]

예약한 날짜 또는 당일 체크인 시간보다 일찍 호텔에 도착하는 고객을 의미한다.

99   Early Check-Out [조기퇴숙]

호텔의 정해진 체크아웃 시간보다 일찍 혹은 새벽이나 이른 아침에 체크아웃 하는 것을 의미한다.

100   ELS [전자식 자물쇠 시스템] : Electronic Locking System

컴퓨터화된 전자자물쇠 시스템 객실 잠금장치다.

101   Emergency Exit [비상구] : Emergency Door

화재나 긴급한 사고 발생 시 밖으로 대피할 수 있도록 특별히 만들어 놓은 출입문이다.

102   Emergency Light [비상등]

객실 천장에 설치되어 있고, 정전 시 호텔의 자가발전 시스템에 의해 작동되는 비상등을 의미하며, 평소에는 전기가 들어오지 않는다.

103 Endorsement [인도어스먼트 : 배서, 이서]

수표 뒷면에 배서, 즉 이서하는 것을 말하며, 승인을 의미하기도 한다.

104 ETA [예상 도착시간] : Estimated Time of Arrival

고객이 호텔에 도착하는 예정 시간을 말한다.

105 ETD [예상 출발시간] : Estimated Time of Departure

투숙 중인 고객의 출발 예정 시간을 말한다.

106 European Plan [유러피언 플랜 : 유럽식 객실 요금제도]

고객의 객실료와 식사요금을 분리하여 별도로 계산하는 방법이다. 객실가격에 식사요금이 포함되지 않으므로 고객은 자유롭게 자신이 원하는 식당을 찾아 식사할 수 있으며 호텔 주변에 다양한 식당들이 위치할 수 있는 상용호텔(Commercial Hotel) 등에 적용되는 방식이다.

107 Exchange House [익스체인지 하우스 : 환전상]

외국환관리 법령에서 정하는 요건을 갖추고 절차를 갖춘 경우, 은행이 아닌 법인이나 개인이 환전 업무를 수행할 수 있으며, 이러한 환전 업무가 수행되는 곳을 환전상이라고 한다. 대부분 규모가 큰 호텔은 이러한 환전 업무를 취급하는 곳이 많다.

108 Exchange Rate [익스체인지 레이트 : 환율]

자국 통화와 타국통화의 매매 시 적용되는 교환 비율, 즉 두 나라 화폐의 교환 비율을 의미한다.

109 EFL [귀빈층] : Executive Floor, Club Floor, Regency Club, Business Floor

호텔 안의 호텔(Hotel within a Hotel)이라고 불리며 비즈니스 고객들을 대상으로 전용라운지 서비스 및 차별화된 서비스를 제공하는 곳이다. 비즈

니스 고객을 위한 전용 리셉션 데스크를 운영하고 있으며 고객들은 이곳
에 상주하는 EFL Receptionist를 통해 체크인 및 체크아웃 서비스, 비서
서비스, 익스프레스 체크인(Express Check-In) 및 익스프레스 체크아웃
(Express Check-Out), 전용회의실 사용, 전용 라운지에서의 식음료 서비
스 등의 서비스를 제공받을 수 있다.

그림 28 호텔신라 서울 EFL라운지

110 Express Check-In [익스프레스 체크인]

고객이 프런트 데스크를 거쳐 대기하는 불편함을 없애고 신속한 체크인을
제공하는 서비스이다. 재방문 고객 혹은 VIP 고객을 대상으로 고객의 이전
투숙자료(Guest History)를 기준으로 등록 카드(Registration Card)에 서명
하는 절차만으로 체크인을 신속히 마무리하는 것이다.

111 Express Check-Out [익스프레스 체크아웃]

익스프레스 체크인을 희망하는 고객 혹은 VIP 고객을 대상으로 체크인 시
희망하는 체크아웃 시간을 확인하여, 체크아웃 전날 저녁 고객의 계산서
(Folio)를 출력하여 고객의 객실로 배달 혹은 확인시킨다. 혹은 고객이 객
실 내에 TV를 통해 자신의 비용 내역서를 확인할 수도 있다. 최근에는 모
든 예약에 대한 보증이 신용카드로 이루어지기 때문에 지불내역에 대해
이상이 없다면 고객은 언제든 프런트 데스크를 거치지 않고 바로 퇴실할

수 있다. 객실 키는 방 안에 두거나 프런트데스크 주변의 Express Check Out 키 수거함에 넣고 가면 된다. 최종 계산은 고객이 퇴실한 후 프런트 데스크에서 고객이 체크인 시 제공했던 신용카드 정보를 바탕으로 결제하여 추후 영수증을 고객에게 보내주게 된다.

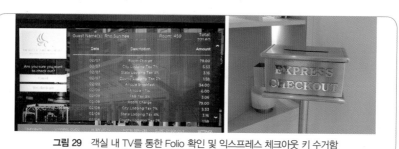

그림 29　객실 내 TV를 통한 Folio 확인 및 익스프레스 체크아웃 키 수거함

112　Extension [투숙연장, 내선번호]

투숙객의 숙박 기간을 연장하는 것을 의미하며, 호텔 내 구내전화 내선번호를 의미하기도 한다.

113　Extra Bed [엑스트라 베드 : 이동식 간이침대] : Rollaway Bed

객실에 추가로 설치할 수 있는 간이침대로, 이동하기 편리하게 바퀴가 달려있어 Rollaway Bed라고도 한다. 일반적으로 Extra Bed는 유료로 제공되며, 이 경우 고객에게 추가요금에 대한 안내를 해야 한다. 하지만 무료로 제공되는 경우도 있으니, 상황에 따라 다르게 대처해야 한다. 추가요금은 객실의 룸 매출로 산정하기 때문에 추가요금에 봉사료(Service Charge), 세금(VAT)이 가산되는 것이 일반적이다.

114　Extra Charge [추가요금]

호텔에서 정한 체크아웃 시간 이후 객실을 사용하는 데 대한 초과요금을 의미한다. 또한, 기존에 정해진 비용 이외에 드는 비용이 있는 경우를 의미하기도 한다.

115   Face Towel [페이스 타월]

얼굴이나 손을 닦을 때 사용하는 타월이며 일반적인 크기는 80cm×36cm 정도이다.

그림 30   Face Towel(콘래드서울호텔)

116   Family Plan [패밀리 플랜]

부모와 함께 투숙하는 14세 미만 어린이에게 Extra Bed를 제공하고 추가 요금을 부과하지 않는 요금제도를 의미한다.

117   FIT [개별여행객] : Foreign Independent Tour, Free Independent Traveler

개별여행객을 뜻하는 말로 개인 또는 소수의 인원이 같이하는 여행객 혹은 외국인 개별여행객이라는 의미를 가지고 있다.

118   Floor Station [플로어 스테이션]

객실정비부서에서 객실정비를 위해 필요한 장비나 가구류, 집기류, 리넨류, 어메니티(Amenity), 객실정비카트 등을 보관하는 창고 역할을 하는 장소이다. 주로 호텔의 층마다 이러한 스테이션을 설치하여 객실정비서비스에 활용하고 있다.

119   Folio [폴리오 : 고객원장, 고객계정] : Guest Account, Guest Bill

프런트 데스크에서 고객일련번호가 적혀있는 고객기록카드이다. 고객의 현재 청구내역을 자세히 포함하고 있는 고객계정이다. 고객의 투숙기간 동안 발생한 계정기록은 고객기록으로 유지, 보관된다.

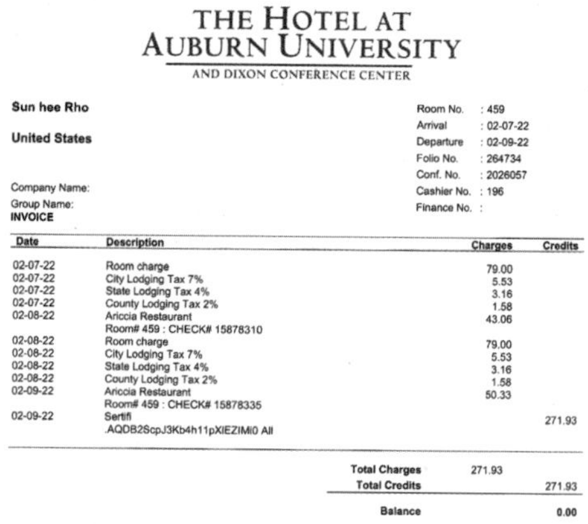

그림 31   호텔 Folio

120   Forwarding Address [포워딩 어드레스]

투숙객이 체크아웃 하면서 이후에 도착하게 될 우편물이나 메시지를 자신이 향할 다음 도착예정지로 보내주기를 원할 때 시행하는 서비스이다. 고객의 도착예정지 주소와 연락처를 받아 체크아웃한 고객에게 정확히 전달될 수 있도록 서비스한다.

121   Front of the House [영업부서]

호텔에서 직접 고객을 만나 대면하여 서비스를 제공하는 부서를 의미하며, 프런트 데스크, 하우스키핑, 식음료부서, 연회부서, 부대시설 등이 포함된다. 즉, 수익이 발생하는 부서(Revenue Center)라고 볼 수 있다.

그림 32 Front Desk(좌 : 노보텔앰배서더강남, 우 : 안다즈호텔서울)

122 Front Office [프런트 오피스]

호텔의 프런트 오피스는 고객을 맨 처음 만나는 지점이며, 동시에 최후로
환송하는 장소가 되기도 한다. 또한, 매 순간 고객과의 대면접촉을 통해
서비스가 이루어진다는 점에서 고객에게 호텔 전체에 대한 이미지를 결정
지을 수 있는 역할을 하는 매우 중요한 부서라고 할 수 있다.

123 Front Office Cashier [프런트 오피스 캐셔]

투숙객이 지불해야 하는 객실료, 식음료 및 기타시설 이용에 대한 대금을
모두 통합하여 관리하고 계산하여 금액을 납부할 수 있도록 돕는 역할을
하는 곳이다.

124 Full House [풀 하우스 : 만실] : No Vacancy

호텔이 보유한 전 객실(판매 가능한 객실)을 모두 판매하여 100%의 투숙
률을 나타내는 말이다.

125 Full Service [풀 서비스]

제한된 서비스(Limited Service)의 반대말로서, 호텔 내 모든 부서로부터
다양한 서비스가 모두 제공되는 것을 의미한다. 보통 5성급 호텔의 경우
도어서비스, 벨서비스, 룸서비스, EFL 서비스 등이 모두 제공되지만 3성급

이하의 호텔의 경우는 가격을 낮추는 대신 일부 서비스가 제공되지 않는 등 서비스가 제한적으로 이루어지는 특징을 가진다.

126 GM [총지배인] : General Manager

호텔의 총괄책임자를 말한다. 호텔 총지배인은 객실부장, 식음료부장, 마케팅부장 등 모든 부서의 부서장과 업장 지배인을 총괄 지휘 및 감독하며 모든 중대한 의사결정의 최고 결정권한을 갖는다.

127 Giveaway [기브어웨이 : 무료제공품]

호텔 상품을 홍보하고 판매를 촉진할 목적으로 제작한 경품으로 고객에게 무료로 제공되는 물품을 말한다.

128 Government Rate [거번먼트 레이트 : 정부 공무원 요금]

정부관련 기관 공무원 등을 대상으로 제공되는 호텔 객실 할인요금을 의미한다.

129 Grand Master Key [그랜드 마스터키]

일반 마스터키의 경우 특정 구역으로 구분된 객실만 열 수 있도록 제작되지만, 그랜드 마스터키는 호텔 내 모든 객실을 열 수 있으며 심지어 이중 잠금장치(Double Locked)로 잠긴 객실도 열 수 있다. 평소에는 사용하지 않으며, 비상상황에만 사용하도록 하며 객실지배인이나 당직 지배인이 별도로 관리하고 있다.

130 Grand Total [그랜드 토털]

호텔에서 발생하는 모든 비용에는 매출단가와 봉사료 및 세금(VAT)이 가산되어 이 모든 금액을 합산한 금액으로 판매가액이 결정된다. 이러한 총 합계금액으로 실제 고객에게 청구되는 금액을 그랜드 토털이라고 한다.

131 Gratuity [그레튜이티 : 봉사료, 팁] : Service Charge

호텔 서비스에 대한 봉사료를 의미한다.

132 Graveyard Shift [그레이브야드 시프트 : 야간 근무]

3교대 중 야간에 근무하는 Shift를 말한다. 호텔에서 Graveyard Shift가 있는 부서로는 프런트 데스크, 벨 데스크, 전화교환부서, 룸서비스, 시설부, 당직지배인 등이 있다.

133 Guarantee [개런티 : 보증]

객실부서에서의 Guarantee란 고객의 숙박예약에 대해 당일취소 혹은 노쇼(No-Show)로 인하여 호텔객실을 다른 고객에게 판매할 수 없어 호텔이 매출손해를 입게 될 것에 대해 예약자에게 보증을 요구하는 것을 의미한다. 따라서 당일취소 혹은 노쇼가 나타날 경우 Guarantee 한 보증금액을 취소요금 혹은 노쇼요금으로 납부해야 한다.

134 Guaranteed Reservation [개런티드 레저베이션 : 보증예약]

호텔이 객실예약을 보증한 것으로 만약 투숙할 고객이 당일 취소하거나 노쇼(No-Show)하더라도 객실요금을 지급할 것을 약속받을 수 있는 객실예약을 의미한다. 호텔에 따라 취소 규정은 다르게 적용되며, 호텔 취소규정에 따라 보증예약이 취소된 경우 요금을 납부하게 된다.

135 Guest House [게스트하우스] : Tourist House

숙박시설의 한 종류이며, 외국인 여행자들(주로 배낭여행객들)에게 저렴한 가격으로 숙소를 제공하기 위한 곳이다.

136 Guest Ledger [게스트 레저 : 고객원장]

호텔 회계에 있어서 미수금원장(City Ledger)과 구분되는 개념으로 고객이 지불해야 하는 모든 내역이 기록되는 원장이다.

137 GRO [고객관리담당자] : Guest Relations Officer

주로 호텔을 방문하는 VIP 혹은 Repeat guest를 대상으로 보다 높은 수준의 고객서비스와 편의를 제공하기 위해 각종 고객안내 및 상담을 하는 직원이다. VIP고객 방문 시에는 Express Check In을 돕기도 하며 고객의 투숙기간 동안 개인비서 역할을 담당하면서 밀착서비스를 제공하기도 한다. 평상시에는 호텔 로비에 상주하면서 고객들의 안내업무 및 프런트 데스크나 컨시어지 업무를 보조하기도 한다.

138 Handicap Room [핸디캡 룸 : 장애인객실]

장애인이 사용하기에 편리한 시설을 갖추어 설계된 객실을 말한다. 즉, 객실입구 복도쪽 점자블록, 객실번호 아래 점자표지, 객실 내 문턱이 없으며, 욕실 내 비상전화 혹은 비상벨 설치, 욕실 내 손잡이 설치, 객실 내 시각 · 청각 장애인 유도 및 안내 설비 등을 갖춘 객실을 의미한다.

그림 33 장애인객실 내 욕실에 설치된 손잡이와 비상벨

139 Handling Charge [핸들링 차지 : 수수료]

호텔 직원의 도움을 이용해 고객에게 물건을 전달하거나 서비스를 제공하는 대가로 지불하는 금액이며 일종의 수수료라고 할 수 있다. 가령, 호텔 내 비즈니스센터에서 국제특송우편서비스(예 : DHL, UPS, Fedex, EMS)로

우편물을 접수할 수 있으나 이 경우 우편요금 이외에 비즈니스센터 직원의 서비스에 대한 Handling Charge가 추가되어 최종 금액이 청구된다.

140 Hand Towel [핸드타월] : Wash cloth

욕실에 비치된 타월 중 가장 작은 사이즈의 타월로 주로 손을 닦거나, 비누로 몸을 닦을 때 사용하는 용도로 활용된다.

그림 34 Hand Towel(좌 : 콘래드호텔서울, 우 : 롯데호텔서울)

141 Happy Hour [해피아워]

호텔의 EFL 라운지에서 특정 시간대(보통 오후 4시 반~ 8시 사이)에 음료(알코올성 음료 포함), 간단한 스낵, 치즈 등 안주 등을 무제한으로 제공하는 서비스를 말한다. 호텔의 EFL에 투숙하는 비즈니스 고객들을 위해 퇴근후 호텔에 돌아와 저녁식사를 하기 전 간단히 식전주를 즐기며 하루의 피로를 풀게 하는 취지에서 생겨난 서비스이다.

142 Hard Board [하드 보드]

객실 침대와 매트리스 사이에 넣는 단단한 나무판을 말한다. 침대 매트리스가 너무 부드러워 허리가 아프지 않도록 보완하는 역할을 한다.

143 Head Board [헤드 보드]

침대의 머리 부분에 있는 단단한 나무판을 말한다.

그림 35 Head Board(콘래드서울호텔)

144 High Balance Report [하이 밸런스 리포트 : 미수금 한도초과 보고서]

투숙객의 신용금액(Credit Limit)을 초과하는 고객에 대한 모든 상황을 종합한 보고서이다. 주로 장기투숙 고객이나 스위트룸 고객의 경우 객실요금이 높게 나타나기 때문에 발생할 수 있다. 이 보고서에는 투숙객 성명, 투숙일정, 예약경로, 현재 청구금액 등이 명시되어 있다. 프런트 데스크에서는 주기적으로 이 보고서를 출력하여 해당고객에게 중간지급을 유도하기도 한다.

145 Hold Room Charge [홀드 룸 차지]

- 고객의 필요에 의해 고객이 투숙하는 해당 객실을 다른 고객에게 팔지 않고 붙들어 놓는 것에 대한 대가로 지불하는 요금이다. 홀드 룸은 크게 두 가지 경우가 있다.

- 첫 번째는 호텔 투숙 기간 중에 일부 기간을 외부호텔에서 사용하게 되어 객실을 비우게 되는 경우이다. 이 경우에도 객실 내에 짐을 비우지 않고 그대로 유지하게 된다면 홀드 룸 차지를 부과하게 된다.

- 둘째는 고객이 호텔에 체크인 시간을 훨씬 넘겨서 늦게 도착하게 되는 경우에 발생한다. 가령, 항공기 지연이나 개인적인 사정으로 예약 당일에 고객이 체크인하지 않고 다음 날 새벽에 도착하였다고 하더라

도 첫날에 대한 객실료가 홀드 룸 차지로 부과되는 것이다.

146   Hollywood Bed [할리우드 베드]

침대의 헤드보드는 1개이지만 매트리스는 싱글베드 2개로 분리된 형태의 침대를 말한다. 따라서 침대를 붙여서 더블베드로 Bed Making 하여 사용할 수도 있으며, twin bed처럼 2개의 침대로 사용할 수도 있어서 호텔 객실 수요에 따라 가변적으로 활용할 수 있어 호텔 운영자 입장에서 유용한 형태의 베드형태라고 하겠다.

147   Hospitality Industry [호스피탈리티 인더스트리 : 환대산업]

서비스산업 중에서 숙박(Lodging), 관광(Travel), 식음료(Food and Beverage), 테마파크(Theme park), 리조트(Resort) 산업 등 관광과 숙박, 레스토랑과 관련된 사업 등 폭넓은 의미의 산업 분야를 가리키는 단어이다. 국가별로 Hospitality Industry 범위로 정하는 산업의 종류는 다르다.

148   Hospitality Room [호스피탈리티 룸]

호텔에서 제공하는 무료객실 중 하나이며, 단체고객의 수하물을 잠시 보관하는 장소 혹은 일반 고객이 잠시 의상을 갈아입거나 체크아웃 이후 비행기 시간이 많이 남아 있는 경우 잠시 쉴 수 있는 장소로 제공하는 목적으로 운영하는 객실을 의미한다.

149   Hospitality Suite [호스피탈리티 스위트]

호텔에서 숙박 목적이 아닌 회의, 연회 및 파티를 목적으로 사용하는 객실을 의미한다.

150   Host Bar [호스트바] : Open Bar, Sponsor Bar

객실 내에 설치된 미리 지불이 완료된 음료 바이다. 바 안에 비치된 음료를 무료로 마실 수 있어서 Open Bar로 부르기도 한다.

151　Housekeeper [하우스키퍼]

하우스키핑 부서의 책임자를 의미한다. 하우스키핑의 주요 업무인 객실 청소 및 정비, 객실 관리 및 유지에 대한 책임자이다.

152　Housekeeping [하우스키핑 : 객실관리부서]

호텔의 객실 관리 및 객실 부문에서 제공되는 다양한 서비스를 제공하는 부서를 말한다. 주요 업무로는 객실 청소 및 정비와 비품류 관리, 객실용 리넨류(Linen) 관리, 소모품류(Amenity) 관리, 객실 내 미니바 관리, 세탁물(Laundry) 취급 및 관리, 직원용 유니폼(Uniform) 관리, 공공지역 청소 등이 있다.

153　Houseman [하우스맨]

하우스키핑 업무를 담당하는 직원으로 힘든 청소나, 무거운 물건을 옮기거나 룸메이드가 수거하기 힘든 객실에서 사용하고 나온 리넨류를 수거하거나, 객실 내로 고객이 요청한 비품이나 세탁물 등을 가져다주는 업무를 수행한다.

154　House Patrol [하우스 패트롤 : 호텔 순찰]

호텔의 당직지배인은 호텔의 각 영업장, 공공지역, 연회장 등을 일정 시간마다 순찰하여 모든 직원들이 업무를 잘 수행하고 있는지를 확인하는 Patrol을 돌고 있다. 순찰할 때는 고객들과 접점하는 지역뿐만 아니라 기계실, 전기실, 세탁실 등 호텔의 back side 공간까지도 모두 포함하여 순찰하게 된다. 이때 직원들의 업무뿐만 아니라 도난방지, 화재예방, 에너지 절약 등에 관련한 모든 사항을 확인, 점검하여 만일에 생길 수 있는 사고를 예방할 수 있도록 최선을 다해 노력하고 있다.

155   House Phone [하우스폰 : 구내전화]

호텔 로비나 복도에 놓여있는 구내 전용 전화를 말한다. 하우스폰 수화기를 들거나 0번을 누르면 바로 전화교환실(Operator)로 연결되어 고객이 원하는 서비스를 받을 수 있다.

그림 36   House Phone(임피리얼팰리스호텔)

156   House Use Room [하우스유즈 룸]

호텔 자체의 필요로 호텔 객실을 고객에게 판매하지 않고 내부적으로 사용하는 경우의 객실을 말한다. 가령, 임원의 숙소로 사용하거나 사무실 공간으로 사용, 침대 및 리넨류 등을 보관하는 창고로 활용하는 경우가 있다.

157   In Charge [인 차지] : In Charge Person

부서에서 교대로 근무가 이루어지는 경우 해당 근무 shift의 업무를 책임지는 책임자를 의미한다. 이는 전체 부서의 책임자와는 다른 의미이며, 실제 업무를 수행하는 같은 교대조(Shift) 근무 인원 중 가장 경력이 많고 업무 처리 능력이 뛰어난 사람이 보통 In charge가 된다.

158   Inc. [포함하는 : Included]

세금이나 봉사료를 포함한다는 의미로 사용되는 Included의 약어 표현이다.

- **[참고]** Inc.는 Incorporated의 약자로 법인회사를 의미하기도 한다.

159 Inspector [인스펙터 : 객실점검원] : Floor Supervisor

룸메이드가 1차적인 객실 정비를 마친 객실에 들어가 객실 상태를 점검하고 객실상품의 완전상태를 최종 확인하는 업무를 담당한다. 여러 층에 있는 다양한 객실을 최종점검하면서 룸메이드들의 작업 준비상황 및 업무태도도 점검하여 부족한 부분에 대한 시정조치를 요청한다.

160 Inventory [인벤토리 : 재고조사]

물품의 재고품의 종류와 수량을 조사하는 것으로 기업이 보유한 자산에 대한 조사이다.

161 Keep Room Charge [킵 룸 차지] : Hold Room Charge

호텔에 투숙한 고객이 투숙 기간 중 객실을 비우지 않고 다른 곳을 다녀와야 할 경우, 고객이 실제로 투숙은 하지 않지만 객실은 계속 사용하는 것으로 간주하여 객실비용을 부담해야 하는데 이때 발생하는 비용을 말한다. 객실비용은 고객의 객실료와 같은 가격이며 세금 및 봉사료도 포함된다. 비슷한 의미로 'Hold Room Charge'라는 표현을 사용하기도 한다.

162 Key [열쇠] : Room Key

호텔에서 사용하는 열쇠는 몇 가지 종류가 있다.

- **Guest Key** : 고객이 체크인 시 발급받는 투숙객용 객실열쇠이다.
- **Master Key(Floor Master Key, Pass Key, Submaster Key)** : 고객이 Guest Key를 분실했거나 객실 내에 두고 나왔을 경우 직원이 사용하여 객실을 열 수 있는 열쇠이다. Master Key는 Housekeeping, Bell Desk 부서에서 주로 사용하게 되는데, 보통은 호텔 전체객실을 모두 열 수 있는 것이 아니라 층별 혹은 몇 개 층씩 묶어서 구분하여 열리도록 조치하여 사용하는 것이 대부분이다.

- **Grand Master Key(Double Lock Key, Shut Out Key, House Emergency Key)** : 고객이 객실 내부에서 Double Lock을 걸어두었더라도 외부에서 열 수 있게 해주는 열쇠이다. 호텔에서 Double Lock 된 객실을 열 수 있는 유일한 열쇠이다. 따라서 객실 내부에서 고객에게 극한 상황이 벌어졌을 경우, 응급상황에만 사용하게 된다.

- 최근에는 스마트기술의 발달로 카드키 형태가 아닌 스마트폰에 앱을 다운 받아 설치하고 체크인하면 자동으로 객실키가 발급되어 객실 도어에 가까이 가져가기만 하면 객실문이 열리는 모바일 키를 사용하는 호텔도 많이 늘어나고 있다.

그림 37　Marriott Bonvoy App 모바일키

163　Key Rack [키랙]

호텔 객실의 열쇠를 넣어두는 상자이며 프런트 데스크에 위치하고 있다. 예전에 카드키를 사용하기 전에는 실제 열쇠 모양의 키를 사용했기 때문에 고객들이 외출할 때는 프런트 데스크에 키를 맡기고 돌아올 때는 찾아가는 일이 많았다. 하지만 최근에는 카드키 사용으로 Key Rack을 사용하는 호텔이 많이 줄어들고 있다.

그림 38 Key Rack

164 Lanai [라나이] : Veranda

하와이의 섬 이름이기도 하고, 하와이언 개념으로 발코니, 정원, 혹은 테라스가 있어 뷰를 조망할 수 있는 객실 형태로서 리조트 호텔에서 주로 볼 수 있다.

그림 39 Lanai 형태의 호텔건물

165 Late Arrival [레이트 어라이벌]

체크인 시간이 지나서 도착하는 고객을 의미하는 것으로, 이런 경우에는 미리 호텔 측에 연락을 취해야 하며, 연락 없이 늦게 오는 경우 예약이 취소될 가능성이 있다.

166 Late Charge Billing [추가계산서]

체크아웃을 하고 호텔을 떠난 고객에게 정산되지 않은 금액이 남아 있는 경우 추가된 요금을 계산하는 것을 의미한다.

167 Laundry [런더리 : 세탁]

호텔 고객이 요청한 세탁물, 직원의 유니폼 등이 포함된 모든 세탁 업무를 의미한다.

168 Laundry Bag [런더리 백]

세탁물을 담는 가방 혹은 주머니를 의미한다.

그림 40 Laundry Bag(포포인츠바이쉐라톤 서울강남)

169 Laundry Slip [런더리 슬립]

고객이 세탁물 처리를 요청할 때 작성하는 세탁 요청 신청서를 의미한다. 두 장으로 되어 있어 앞장에 기록하면 뒷장에 같은 내용이 복사될 수 있도록 되어 있다.

그림 41 Laundry Slip(좌 : 평창드래곤밸리, 우 : 임피리얼팰리스)

170 Laundry Manager [런더리 매니저 : 세탁 지배인]

호텔 내 모든 세탁물을 관리하고, 세탁 업무에 사용되는 기계 및 설비의 관리 유지, 세탁물 분류 및 처리, 프레싱 등과 관련된 모든 업무 및 직원들을 관리하고 감독하는 직책을 의미한다.

171 Leaflet [리플릿 : 전단]

광고 혹은 선전을 목적으로 제작하여 배포하는 전단을 의미하며, 호텔 안내를 위한 낱장 인쇄물 등으로 이용된다.

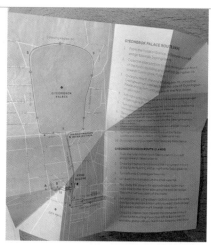

그림 42 호텔안내지도 리플릿(포시즌스서울)

172 Limit Switch [리미트 스위치]

객실 내 옷장 내부에 설치되어 있으며, 옷장문을 열고 닫으면 자동으로 전등이 온/오프되는 장치를 의미한다.

173 Limited Service [리미티드 서비스]

Full Service와 반대되는 개념으로 객실상품과 간단한 식음료 서비스 이외의 다른 부대 서비스는 제공되지 않는 서비스 유형을 의미하며, 주로 Budget Hotel, Motel 등이 Limited Service를 제공하는 숙박 형태에 속한다.

174 Linen [리넨]

침대시트, 베갯잇, 타월, 담요, 식탁보 등을 의미한다.

175 Linen Room [리넨 룸]

리넨류를 보관하기 위한 장소를 의미한다.

176 Local Call [로컬 콜]

시내 전화를 의미한다.

177 Lockset [락셋]

문을 잠그기 위해 설치된 자물쇠 장치를 의미한다.

178 Lodge [롯지]

사전적 의미로는 오두막, 산장의 의미를 지니고 있으며, 자연친화적인 장소에서 산장과 같은 편안한 분위기의 숙박을 원하는 고객들이 주로 찾는 숙박 시설로도 사용되는 의미이다.

그림 43 Lodge

179 Log [로그]

업무 활동을 기록하는 업무일지를 의미하며, 각 Shift마다 발생한 주요 이슈, 고객 요청사항, 불만처리사항 등 다음 근무 조에 인수인계할 내용들을 기록한다.

180 Lost and Found [로스트 앤 파운드]

호텔 내에서 고객이 분실한 물건이 있거나, 호텔 내 직원 혹은 다른 사람이 분실물을 습득했을 경우, 분실물에 대한 신고를 받고 보관하며 이를 반환하는 업무를 수행하는 곳이다.

Hotel Practice Terminology

Chapter 3

객실부문 용어

181 Maid Card [메이드 카드]

룸메이드가 객실 정비를 하는 중임을 표시하는 카드로서 객실 문 손잡이에 걸어둔다.

182 Maid Cart [메이드 카트]

룸메이드가 객실 청소를 할 때 필요한 장비나 비품 등이 담겨 있는 카트를 의미한다.

그림 44 Maid Cart

183 Maid's Report [메이드 보고서]

객실 청소 및 상태에 대한 보고서를 의미한다.

184 Make Bed [메이크 베드]

침대 시트를 교환하여 새로이 침대를 정비하는 것을 의미한다.

그림 45 Make Bed

185 Make-Up [메이크업]

고객이 투숙하는 동안 객실을 청소 및 정돈하는 것을 의미한다.

186 Make-Up Card [메이크업 카드]

고객이 객실 청소를 요청할 때 객실 문에 걸어두는 카드를 의미한다. 최근
에는 벨 형태로 되어 있어서 카드를 사용하지 않고 'Do Not Disturb'과 같
이 버튼을 객실 안쪽에서 눌러 Make Up을 표시하기도 한다.

187 Manual [매뉴얼]

호텔에서 매뉴얼이란 Quality, Service, Cleanness에 근간을 두고 표준을
설정하여 작업의 방법을 구체적으로 지시하는 지침서이다.

188 Member's Only [회원제] : Membership Club

회원만 이용할 수 있다는 의미로서 호텔에서는 레스토랑, 피트니스 센터
등에 회원으로 가입할 수 있다.

189 Metropolitan Hotel [메트로폴리탄 호텔]

대도시에 위치하는 대규모 호텔로서 대연회장이나 전시장 등의 컨벤션에 적합한 시설을 갖춘 호텔이라고 할 수 있으며, 다양한 비즈니스 관련 행사가 가능한 장소로서 많은 인원의 투숙객을 수용할 수 있다.

190 Midnight Charge [미드나이트 차지]

예약한 고객이 체크인 시간이 지난 후 한밤중에 도착하는 경우 혹은 다음날 도착하는 경우 호텔은 그 예약을 취소하지 않고 판매하지 않은 상태로 고객이 도착할 때까지 기다렸으므로 야간 요금을 부과하게 된다.

191 Mini Bar [미니바]

객실 내에 설치된 작은 냉장고에 주류, 음료, 스낵 등을 구비하여 고객이 원하는 상품을 이용할 수 있도록 하며 해당 상품에 대한 금액이 부과된다. 최근에는 다양한 형태의 미니바가 객실에 설치되고 있다. 또한, 호텔에 따라서는 미니바 관리의 어려움을 고려해 미니바를 비워둔 채 운영하지 않는 곳도 있으며, 객실 가격에 일부 미니바 가격을 포함시킨 후 유료 미니바가 아닌 무료 미니바를 운영하는 경우도 있다. 아래 사진의 안다즈호텔의 경우 객실에 미니바(비주류와 스낵류 포함)가 포함되어 있어 별도의 요금을 부과하지 않는다.

그림 46   다양한 형태의 미니바(좌측, 우측 아래 : 롯데호텔서울, 우측 위 : 안다즈서울강남)

192 Miscellaneous [미셀레니어스, MISC : 잡수익]

주된 상품이 아닌 일시적 수입이나 발생 빈도가 적은 수입이 발생하였을 때 사용하는 계정을 의미한다.

193 Modified American Plan [수정식 아메리칸 플랜]

1일 3식이 포함되어 있는 아메리칸 플렌 제도를 수정한 요금제도로서 조식과 석식 요금이 객실 요금에 포함된 제도를 의미한다.

194 Monitor System [모니터 시스템 : 모니터 제도]

기업 외부인에게 상품 및 서비스에 대한 의견 및 평가를 의뢰하여 이를 상품 및 서비스 개선을 위한 방안에 활용하는 제도를 의미한다.

195 Morning Call [모닝콜] : Wake-up Call

주로 PBX(Private Branch Exchange) 혹은 Operator 부서에서 이 서비스를 제공한다.

196 Motel [모텔]

자동차로 여행하는 여행객들이 편리하게 이용할 수 있도록 도로변에 위치한 숙박 시설을 의미한다.

197 Movillage [모빌리지]

자동차 여행객들을 대상으로 마련된 캠프장을 의미하며, '자동차(Mobile)' 그리고 '마을(Village)'의 단어의 조합으로 만들어진 용어이다.

198 Murphy Bed [머피 베드] : Closet Bed, Fold Bed

벽이나 벽장 속으로 들어가는 침대 형태로서 접이식 침대 형태를 의미한다.

199 Night Clerk [나이트 클럭]

야간 근무 조에서 근무하는 직원으로 근무 시간은 대략 23시부터 다음 날 7시

정도로 정해져 있다.

200 Night Table [나이트 테이블] : Bed Side Table

객실 내에 침대 옆에 비치된 작은 테이블로 전화, 시계, 램프 등이 놓여 있다.

그림 47   Bed Side Table(롯데호텔서울)

201 No-Show [노쇼]

고객이 예약을 하였으나 아무런 연락 없이 호텔이나 레스토랑 등에 나타나지 않는 고객을 의미한다.

202 No-Show Employee [노쇼 임플로이]

근무일에 무단으로 결근하는 직원을 의미한다.

203 No Vacancy [노 베이컨시 : 만실]

호텔에서 Full House로 만실을 의미한다.

204 Non-Smoking Area [금연구역]

흡연을 금하는 구역을 의미한다.

205 Non-Smoking Room [금연객실]

흡연을 금하는 객실을 의미한다.

206 Number of Rooms Unit [넘버 오브 룸스 유닛 : 유닛 객실 수]

호텔이 보유하고 있는 객실 수로 고객에게 제공되는 객실 수뿐만 아니라 임원 숙소나 호텔 측 운영 목적으로 위해 사용되는 하우스유즈룸(House Use Room)의 객실 수도 포함된다.

207 Numbering Stand [넘버링 스탠드]

연회 행사장에서 테이블을 찾기 쉽도록 테이블에 숫자를 표시하는 것을 의미한다.

208 Occupancy [객실점유율]

판매 가능한 총객실 수에서 실제 고객이 사용하는 객실이 차지하는 비율을 의미한다. 호텔에서 객실 운영 상황을 반영해 주는 지표로 사용된다.

209 Occupied [아큐파이드 : 재실 중인]

고객이 사용하고 있는 점유된 객실을 의미한다.

210 Off-Day [오프 데이 : 비번]

근무가 없는 날짜를 의미한다.

211 OffJT [Off the Job Training]

직장에서 직원들을 대상으로 실시하는 교육으로 보통 업무 현장에서 벗어나 다른 장소에서 집합 교육으로 실시된다.

212 Off-Season Rate [비수기 요금]

비수기에 객실점유율을 높이기 위해 할인이 적용된 요금을 의미한다.

213 Official Check [오피셜 체크] : Special Treatment Bill

업무상 공식적인 이유로 외부인 방문 시 접대 등과 같은 업무의 연장에서 직원 혹은 간부가 사용하는 계산서를 의미한다.

214 OJT [On the Job Training]

직장 내 훈련이라고도 하며 업무를 수행하는 과정에서 선배 직원이 후배 직원에게 실무에 대한 직접적인 훈련을 제공하면서 동시에 업무를 수행하는 과정을 의미한다. 이러한 훈련 방식은 실무에 대한 지식을 빠르게 습득할 수 있으며, 개별적인 교육이 가능하므로 업무에 빠르게 적응하도록 하는 데 도움이 될 수 있다.

215 On Change [온 체인지]

체크아웃한 객실이지만 청소 중이거나 아직 객실 정비가 완료되지 않아 판매 준비가 되지 않은 객실을 의미한다.

216 On Change Room [온 체인지 룸]

객실 정비가 요구되는 객실을 의미한다.

217 On Request [온 리퀘스트]

예약 담당자가 예약 여부를 확정짓기 전에 호텔 측과 논의할 필요가 있는 상황을 의미한다.

218 One Shot Key [원 샷 키 : 일회용 열쇠]

1회 사용만 가능하도록 만들어진 열쇠를 의미하며 룸쇼를 하는 경우나 객실 정비를 위해 외부인이 출입해야 하는 경우 등 일회성으로 사용될 수 있도록 발행된 열쇠이다.

219 OOO [판매 불가능한 객실] : Out of Order Room

객실 내 시설이 고장이 났거나, 어떠한 문제에 의해 판매가 불가능한 객실을 나타내는 용어이다.

220   Open Bed [오픈 베드] : Turndown Service

판매 준비가 완료된 객실의 침대에는 베드 스프레드가 덮여 있으므로, 추후 고객이 사용할 때 불편함이 없도록 정해진 시간에 베드 스프레드를 치우고 고객이 침대를 사용하는 데 편하도록 만드는 것을 의미한다.

221   Operating Department [오퍼레이팅 디파트먼트 : 영업부서]

고객에게 서비스를 직접 제공하는 부서로서 식음료 업장, 프런트 데스크, 피트니스 센터 등의 부서를 의미하며 백오피스와는 반대되는 개념이다.

222   Operating Equipment [오퍼레이팅 이큅먼트 : 운영비품]

호텔에서 제공하는 서비스에 필요한 비품들을 의미하며 적정 재고량을 유지하는 것이 중요하다.

223   Optional Rate [옵셔널 레이트: 미결정 요금]

객실 예약을 하는 시점에서 확정 요금을 제공할 수 없는 경우에 사용되는 요금을 의미한다.

224   Order Taker [오더 테이커]

호텔 고객이 요청하는 다양한 주문을 접수하고 처리하는 업무를 하는 직원을 의미한다.

225   Out of Town [아웃 오브 타운]

호텔에 투숙 중이거나 다른 지역으로 출장을 간 경우를 의미한다.

226   Outside Call [외부전화]

호텔 외부에서 PBX로 들어오는 전화를 의미한다.

227   Overbooking [초과예약]

호텔에서 판매 가능한 객실 수보다 예약을 초과하여 받는 경우를 의미한다. No-Show 고객과 당일 취소하는 고객을 대비하여 초과예약을 받으나 초과예약자에게 객실을 제공하지 못하는 경우가 발생하면 사과, 룸 업그레이드 혹은 턴어웨이(Turn Away) 서비스 제공하는 등의 처리 방안이 요구된다.

228 Over Charge [초과요금]

호텔의 체크아웃 시간이 지난 후에도 객실을 사용할 경우 부과되는 요금을 의미한다.

229 Over Night Total [오버 나잇 토털]

당일의 객실 총매출액을 의미한다.

230 Over Stay [체류연장]

고객이 예정된 투숙일보다 체류를 연장하는 것을 의미한다.

231 Over Time [오버 타임]

직원이 지정된 근무 시간을 초과하여 근무한 경우를 의미하며, 회사에서 규정된 근무 수당을 지급하게 된다.

232 Paid In Advance [선납금]

호텔에서 발생할 요금을 미리 지급하는 것을 의미한다.

233 Paper Work [문서업무]

문서 작업을 의미한다.

234 Parlor [팔러]

응접실, 호텔의 특별 휴게실 등을 의미하며, 스위트룸에 있는 거실을 의미하기도 한다.

235 Parlor Maid [팔러 메이드]

스위트룸과 응접실 등의 공공장소의 청소를 담당하는 메이드 직원을 의미한다.

236 PAX [인원수] : Passenger

인원 수를 나타낼 때 사용한다.

237 PBX [Private Branch Exchange : 전화교환실]

호텔에서 외부 및 내부 전화 연결 서비스를 담당하는 전화교환실을 의미하며, 이 부서에 근무하는 직원을 교환원을 operator라고 한다.

238 PCO [국제회의용역업] : Professional Convention(Congress) Organizer

국제회의나 전시회와 같은 행사를 개최할 때, 주최 측으로부터 개최와 관련된 업무를 위임받아 대행해 주는 업을 의미한다.

239 Penthouse [펜트하우스]

호텔의 맨 꼭대기 층에 위치하는 스위트룸으로서 특별 객실을 의미한다.

240 Permanent Guest [퍼머넌트 게스트 : 장기체류 고객]

체류 기간이 대체로 7일 이상인 고객을 의미한다.

241 Permanent Hotel [퍼머넌트 호텔]

장기체류 고객을 대상으로 서비스를 제공하는 호텔을 의미한다. 메이드 서비스가 제공되며 취사 시설을 갖추고 있는 호텔이다.

242 Person Night [퍼슨 나이트]

고객 1인당 1일 숙박비를 의미한다.

243 Pick-Up Service [픽업 서비스]

고객의 요청으로 공항, 역, 터미널, 기타 장소에서 고객을 맞이하여 호텔로 모시고 오는 서비스를 의미한다.

244 Pillow Case [필로우 케이스 : 베갯잇]

베개의 청결한 상태를 위해 베개를 넣는 주머니를 의미한다.

245 Powder Room Maid [파우더 룸메이드]

공공구역의 여성 화장실을 청소 및 관리하는 메이드 직원을 의미한다.

246 Pre-Registration [프리 레지스트레이션 : 사전등록]

고객이 호텔에 도착하기 전에 미리 프런트 데스크 직원이 등록카드를 작성하는 것을 의미하며, 주로 단체 고객이 체크인할 경우 프런트 데스크가 혼잡해질 수 있으므로 미리 사전등록을 해 둠으로써 체크인 과정을 단축시키기 위해 행해진다.

247 Pre-Assign [프리 어사인 : 사전배정]

호텔에 고객이 도착하기 전 객실을 미리 배정해 두는 것을 의미하며, 특정한 목적이 있는 상황의 경우 객실을 블록(Block)시켜 객실을 사전에 배정해 놓는 경우도 포함된다.

248 Pressing Service [프레싱 서비스]

하우스키핑 부서에서 행하는 세탁 업무 중 다림질 서비스를 의미한다.

249 Property Maintenance [프로퍼티 메인터넌스]

대규모 호텔의 경우 호텔의 내외부 공공구역의 청소를 담당하며 건물의 외관과 호텔에 속한 외부 공간 등을 유지 및 관리하는 업무를 수행한다.

250 Public Area [퍼블릭 에어리어] : Public Space
공공구역을 의미한다.

251 [퍼블리시드 레이트 : 공표요금] : Rack Rate, Non-discounted rate, Full rate, Tariff
호텔에서 공표하는 객실 요금으로서 할인이 적용되지 않은 공식화된 요금을 의미한다.

252 Queen [퀸]
침대 사이즈 중의 하나이며, 일반적으로 $1500 \times 2000 \times 200$mm의 크기의 침대를 의미한다.

253 Rate Cutting [레이트 커팅 : 가격절하]
가격을 인하하는 것을 의미한다.

254 Rate Change [객실가격 변동]
투숙하고 있는 고객의 객실 가격이 변경되는 경우를 의미한다.

255 Re-Exchange [리익스체인지 : 재환전] : Reconversion
여행객의 경우 외국통화를 원화로 환전을 한 후, 출국 시 남은 잔액을 다시 외화로 환전하는 것을 의미한다.

256 Rebate [리베이트]
이미 지급한 요금에 대한 일부를 다시 돌려주는 것을 의미한다.

257 Receipt [리시트 : 영수증] : Bill, Check
영수증을 의미한다.

258   Reception [리셉션]

호텔 등의 접수처를 의미하며, 환영, 환영 연회 등의 의미도 가지고 있는 표현이다.

그림 48   Reception

259   Refund [리펀드: 반환금]

고객이 예약이나 체크인할 때 호텔에 미리 지급한 금액 중에서 사용한 부분을 정산하고 체크아웃할 때 남은 금액을 돌려 받는 것을 의미한다.

260   Register [등록] : Registration

고객이 호텔에 도착하여 프런트 데스크에서 체크인 시 등록카드에 자신의 성명, 연락처 등의 사항들을 기입하고 서명을 하는 과정을 의미한다.

261   Registered Not Assigned [등록 미입실]

호텔에 도착하여 프런트 데스크에서 등록 절차를 완료하였지만, 고객이 요청한 객실이 아직 준비되지 않아 기다리는 상황을 의미한다.

262   Registration Card [등록 카드] : Regi. Card

호텔에서 체크인 시 작성하는 카드로서 고객의 인적사항 및 서명을 기입하는 카드를 의미한다.

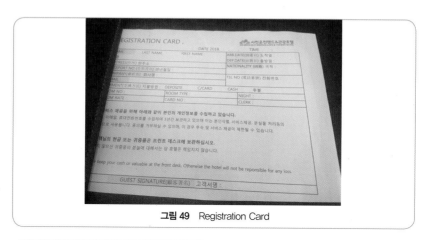

그림 49 Registration Card

그림 50 Registration Card의 앞, 뒷면(호텔신라서울)

263   Repeat Guest [단골고객]

호텔을 지속적으로 재방문하는 고객을 의미한다.

264   Reservation Clerk [객실예약원]

고객의 예약을 담당하는 부서에서 근무하는 직원을 의미한다.

265 Reservation Confirmation [예약확인]

호텔 체크인 전에 예약 사항이 고객의 요구대로 반영되어 있는지를 확인하는 것을 의미한다.

266 Reservation Department [예약부서]

고객이 요청하는 예약을 정확하게 수행하며, 고객의 정보를 수집 및 보존하고 호텔 상품에 대한 정보를 제공할 뿐만 아니라, 고객의 상황에 적합한 호텔 상품을 제안하는 역할을 하여 호텔 매출에 기여하는 부서이다.

267 Reservation Status [예약조건]

고객이 호텔 상품을 예약할 때 필요한 지급 방법이나 조건 등을 의미한다.

268 Residential Hotel [레지덴셜 호텔]

장기 체류객을 대상으로 서비스를 제공하는 호텔을 의미하며, 메이드 서비스가 제공되며 취사시설을 갖추고 있는 호텔이다.

269 Resort Hotel [리조트 호텔]

바다 혹은 산 등의 경치가 좋은 장소에 위치하며 휴양을 목적으로 하는 관광객들이 주로 이용하는 호텔을 의미한다.

270 Roll In [롤인]

객실 내부에 이동식 침대를 설치하는 과정을 의미한다.

271 Room Assignment [룸 어사인먼트 : 객실배정]

호텔에 예약한 고객이 체크인을 하는 과정에서 객실을 배정하는 것을 의미한다. 혹은 사전에 객실을 배정하여 체크인 시간을 단축하기도 한다.

272 Room Attendant [룸 어텐던트 : 객실청소원] : Room Maid

호텔 객실의 청결을 유지하기 위해 청소 및 관리하는 직원을 의미한다.

Hotel Practice Terminology
Chapter 4
객실부문 용어

273 Room Change [룸 체인지] : Accommodation Change
객실을 변경하는 상황을 의미한다.

274 Room Clerk [룸 클럭]
프런트 데스크에 근무하는 직원을 의미하며 등록업무, 객실 예약 접수 및 배정, 객실 변경 및 취소, 타 부서와의 업무협조 등의 업무를 담당한다.

275 Room Count [룸 카운트]
판매된 객실 수를 의미한다.

276 Room Inspection [룸 인스펙션]
고객에게 객실을 판매하기 전 룸메이드가 정비한 객실의 청소 상태를 확인하는 것을 의미한다.

277 Room Inspection Report [룸 인스펙션 리포트]
객실 점검자(Room Inspector)가 룸 인스펙션 후 작성하는 객실 상태에 대한 보고서를 의미한다.

278 Room Renovation [룸 리노베이션 : 객실의 수리]
보통 객실의 수리는 객실을 이용함으로써 발생되는 시설 및 설비의 고장 등을 수리하는 것을 의미하며, 호텔 시설의 노후화로 인해 호텔의 전반적인 시설들을 새롭게 교체하는 개보수를 의미하기도 한다.

279 Room Service [룸 서비스]

호텔의 객실 고객으로부터 식음료 상품을 주문받아 객실로 전달해 주는 서비스를 의미한다.

그림 51 Room Service(좌 : 포포인츠바이쉐라톤강남, 우 : 임피리얼팰리스)

280 Room Status Report [객실현황보고서]

판매 가능한 객실의 종류 및 개수, 수리 중인 객실이나 판매 예정인 객실 수 등에 대한 객실 상황에 대한 정보가 기입된 보고서를 의미한다.

281 Room Tray [룸 트레이]

객실 내에 컵 등을 올려놓는 쟁반을 의미한다.

그림 52 Room Tray

282 Room Type [객실 유형]

호텔 객실 유형은 침대 개수와 크기에 따라 정해지며, Single Room, Double Room, Twin Room, Triple Room, Quad Room, Suite Room 등으로 구분된다.

283 Rooming [루밍 : 객실안내]

호텔에 도착한 고객을 환영하고 체크인 절차를 수행하며 벨맨이 객실로 안내하는 과정을 의미한다.

284 Rooming List [입실명단]

단체 고객의 사전 등록 절차를 수행하고, 객실을 사전에 배정하는 데 필요한 정보가 포함된 단체 고객의 명단을 의미한다.

285 Royalty [로열티]

특허권 사용료, 저작권 사용료 등을 의미하는 용어로, 이 권리를 가진 자와 권리 사용에 대한 계약을 체결하여 권리 행사에 대한 대가를 지불하는 것을 의미한다.

286 Rubber Mat [러버 매트 : 고무 발판]

고무로 만든 매트를 의미하며 주로 욕실에서 미끄러움을 방지하기 위해 사용된다. 룸메이드가 객실을 정비할 때에는 돌돌 말아서 한쪽에 비치하고 있으며 고객이 사용할 때에는 펼쳐서 욕조 바닥 혹은 샤워부스 바닥에 놓고 사용하면 미끄러움을 방지할 수 있다.

그림 53　Rubber Mat(좌 : 임피리얼팰리스, 우 : 롯데호텔서울)

그림 54   Rubber Mat(안다즈서울강남)

287   Sample Room [전시용 객실] : Mockup Room, Salon Room

고객에게 판매하기 위한 객실이 아니라, 호텔 객실 상품을 보여주기 위한
객실 혹은 기업에서 자사 상품을 전시하기 위해 공간을 대여한 객실을 의
미한다.

288   Sanitary Bag [새니터리 백 : 위생주머니]

호텔 욕실에 비치되어 있는 어메너티 중 하나로 비닐 재질로 만들어져 있
으며, 여성 용품 등을 넣어 처리하도록 하는 주머니를 의미한다.

289   Sanitary Tape [새니터리 테이프 : 위생 테이프]

룸메이드가 욕실 청소를 완료한 후 변기 커버에 청소 완료 표시로서 위생
테이프를 감아두며, 변기를 사용할 때 이 테이프를 제거하면 된다.

그림 55   Sanitary Tape

290 Seasonal Rate [계절별 할인요금]

비수기에 객실점유율을 높이기 위해 호텔에서 적용하는 할인요금을 의미한다.

291 Security [시큐리티 : 경비]

호텔 고객과 직원의 안전을 담당하는 직원을 의미한다.

292 Selling Up [셀링 업] : Up Grade Sale, Upselling

고객이 예약한 객실보다 높은 가격대의 객실을 추천하여 호텔 판매를 증가시키고자 사용하는 기법을 의미한다.

293 Semi-Double Bed [세미-더블베드]

2인용 침대보다 약간 크기가 작은 침대를 의미한다.

294 Service Charge [봉사료] : Gratuity

우리나라의 경우 객실 요금이나 식음료 요금에 10% 금액을 추가하여 청구하는 봉사료 제도를 적용하고 있다.

295 Service Elevator [직원 승강기] : Back Elevator

호텔 직원들이 업무를 수행하거나 이동할 때 사용하는 직원 전용 엘리베이터를 의미한다.

296 Seven-Day Forecast [세븐데이 포어캐스트 : 주간 예측]

1주일 동안의 예약 고객에 대한 수요 예측 자료로서 예약부서에서 프런트 데스크, 벨/도어, 하우스키핑 부서 등 관련 부서로 제공한다.

297 Sewing Kit [소잉 키트 : 반짇고리]

바느질 도구가 들어 있는 케이스를 의미한다.

그림 56 Sewing Kit

298   Shift [시프트 : 근무조]

호텔 직원의 근무조 혹은 근무 교대조를 의미하며 오전조, 오후조, 야간조
의 3교대로 구분된다.

299   Shoe Horn [슈 혼 : 구두주걱]

구두를 신을 때 용이하게 하기 위한 구둣주걱을 의미한다.

그림 57 Shoe Horn

300   Shoe Rag [슈 랙 : 구두 닦는 천]

구두를 닦는 데 사용하는 부드러운 헝겊을 의미한다. 헝겊이 장갑처럼 아래
가 뚫려 있어 손바닥을 넣어 구두를 닦을 수 있도록 되어 있다.

그림 58 Shoe Rag

301 Shut-Out Key [셧아웃 키]

고객의 요청으로 객실에 고객이 없을 때 어떠한 직원도 문을 열 수 없도록
만들어진 장치를 의미한다.

302 Side Board [사이드 보드]

호텔 객실을 침실과 거실로 분리하기 위해 설치한 가구를 의미한다.

그림 59   Side Board를 활용하여 침실공간과 욕실공간 분리(안다즈호텔서울)

303 Signature [서명]

서류에 직접 이름을 기입하는 것을 의미한다.

304 Single Rate [싱글 레이트]

고객이 호텔 객실을 예약할 때 싱글 요금인 객실로 예약하였으나, 호텔 측
의 사정으로 다른 유형의 객실을 제공하게 된 경우, 해당 객실 요금은 싱
글 요금으로 적용하게 된다.

305 Single Room [싱글 룸]

1인이 사용할 수 있는 객실로 싱글 베드가 구비되어 있다.

306 Single Use [싱글 유스]

2인용 객실을 1인이 사용하게 된 경우 할인해 주는 요금을 의미한다.

307 Skipper [스키퍼]

호텔 숙박 요금을 정산하지 않고 몰래 호텔을 떠나는 고객을 의미한다.

308 Sleep Out [슬립 아웃]

고객이 객실을 사용하지 않거나 취침하지 않은 상황을 의미한다.

309 Special Attention [SPATT: 특별주의]

특별한 주의 및 관심이 요구되는 VIP 고객들에게 표시하는 용어이다.

310 Special Use [스페셜 유스]

단체 고객을 담당하는 여행사 가이드, 혹은 컨벤션 행사를 담당하는 직원
등에게 무료로 제공되는 객실을 의미한다.

311 Split Rate [스플리트 레이트 : 분할가격]

고객의 요청으로 객실 요금을 분할하여 지불하는 것을 의미한다.

312 Spread Rate [스프레드 레이트 : 단체고객 객실 할당가격]

호텔의 공표요금보다는 낮으며, 단체 고객들에게 제공되는 요금을 의미
한다.

313 Spring Cleaning [대청소] : General Clean

대청소를 의미하며, 주로 호텔 비수기에 실시된다.

314 Stationary [스테이셔너리]

호텔 객실 내에 구비되어 있는 문구/사무용품을 의미한다. 보통 편지지와
엽서, 봉투, 연필, 볼펜 등이 기본적으로 셋업된다.

그림 60 Stationary

315 Stay [체류]

고객이 호텔에서 투숙하는 것을 의미한다.

316 Stay Over [체류연장]

고객이 예정된 체크아웃 날짜보다 투숙 기간을 연장하는 것을 의미한다.

317 Studio Bed [스튜디오 베드]

호텔 객실 내에 구비되어 있으며 낮에는 소파로 사용하며, 취침 시에는 침대로 사용할 수 있다.

318 Suggestion Card [제안서, 고객설문서] : Guest Questionnaire, Comment Card

고객이 호텔의 여러 서비스를 이용한 후 느낀 문제점, 개선사항 등에 대한 의견을 기입하도록 하는 카드를 의미한다.

그림 61 호텔신라서울의 고객 Comment Card

그림 62   Imperial Palace 호텔의 고객 Comment Card

319 Suggestive Selling [서제스티브 셀링 : 제안 판매]

직원이 고객에게 적합한 상품 및 서비스에 대한 정보를 제공하거나 추천하여 추가 구매가 이루어지도록 하는 판매 기법을 의미하며, 고객의 구매량을 증가시키고 호텔 측의 매출을 증진시키게 된다.

320 Suite Room [스위트 룸]

침실과 거실로 구성된 호텔 객실 유형이다.

그림 63   Suite Room은 문을 통해 침실과 거실공간을 구분한다(롯데호텔서울).

321 Supplies [서플라이즈 : 소모품]

비품 혹은 소모품을 의미하며, 사무용품이나 청소용품 등이 포함된다.

322 Tariff [타리프 : 공표요금표] : Rack Rate, Published Rate

호텔의 공표 요금(rack rate)이 제시된 객실요금표(room tariff)를 의미한다. 객실요금과 함께 세금, 봉사료 등 고객이 지불해야 하는 금액이 자세히 명

시되어 있는 표이다. 호텔은 보통 1년에 한 번씩 공표요금을 확정하여 공
시하고 있다.

2015 ROOM TARIFFS

Standard Rooms

Deluxe	₩	600,000
Business Deluxe	₩	650,000

Executive Rooms

Business Deluxe	₩	750,000
Grand Deluxe	₩	800,000

Suite Rooms

Korean	₩	1,300,000
Superior	₩	1,300,000
Corner	₩	1,500,000
Premier	₩	2,500,000
Royal	₩	7,000,000
Shilla	₩	10,000,000
Presidential	₩	14,000,000

Rates are in Korean Won

Above rates are subject to 10% service charge and
10% government tax.

For double occupancy, additional KRW 50,000 for
Standard rooms and additional KRW 100,000 for
Executive rooms will be charged.

Valid between August 1, 2015 and December 31, 2015.

Reservation and Information
02-2230-3310　www.shilla.net/seoul

THE SHILLA
SEOUL

그림 64　Room Tariff(호텔신라서울)

323 Telephone Call Sheet [텔레폰 콜 시트]

Wake-up call을 요청한 고객의 성명, 객실 번호, 알람 시간이 포함된 양식을 의미한다.

324 Terminal Hotel [터미널 호텔]

터미널 혹은 기차역에 위치한 호텔을 의미한다.

325 Third Person Rate [서드 퍼슨 레이트] : Extra Bed Charge

호텔은 대부분 2인 1실로 요금이 책정되어 있으므로 2인을 초과한 인원의 경우 추가 요금이 부과된다.

326 Third Sheet [서드 시트] : Bed Spread

담요를 보호하기 위해 덮는 커버를 의미한다.

327 Tidy-up [타이디 업]

고객이 체크아웃 한 후 객실을 청소하는 업무를 의미한다.

328 Today's Reservation [당일예약] : Daily Pick-up Reservation

당일 예약은 프런트 데스크에서 판매가능한 객실이 있을 경우에 예약을 접수하게 된다.

329 Toilet [토일렛] : Wash Room, Ladies' Room, Men's Room, Restroom

화장실을 의미한다.

330 Toilet Tissue [토일렛 티슈]

욕실에 비치된 화장지를 의미한다.

331 Transient Guest [트랜션트 게스트 : 단기 체류객] : Short-Term Guest

단기 숙박 고객을 의미한다.

332 Transient Hotel [트랜션트 호텔 : 단기 체재 호텔]

단기 체류객을 대상으로 운영하는 호텔을 의미한다.

333 Triple Bed Room [트리플 베드 룸]

3명의 인원이 사용할 수 있는 객실 형태로 싱글 베드 3개가 구비되어 있는 객실을 의미한다.

334 Trunk Room [트렁크 룸]

고객의 수하물을 보관하는 공간을 의미한다.

335 Turn Away [턴 어웨이]

호텔 객실이 만실이 되어 워크인 고객을 되돌려 보내는 상황을 의미하기도 하고, 혹은 초과예약 상황에서 예약 고객에게 객실을 제공할 수 없는 경우 비슷한 수준의 호텔 객실을 알선해 주거나 혹은 객실 요금이나 해당 호텔까지의 교통편 등을 제공하는 서비스를 의미하기도 한다.

336 Turndown Service [턴다운 서비스]

투숙하고 있는 고객의 객실을 간단하게 정리하고, 침대를 정돈하는 등의 취침 준비 서비스를 의미한다.

337 Twin Bed Room [트윈 베드 룸]

2인이 사용할 수 있는 객실로서 싱글 베드 두 개가 구비되어 있다.

338 Twin Studio [트윈 스튜디오]

2인이 사용할 수 있는 트윈 룸으로 스튜디오 베드가 구비되어 있는 객실을 의미한다.

339 Under Stay [조기 퇴숙] : Unexpected Departure

고객이 예정된 체크아웃 날짜보다 일찍 체크아웃을 하고 호텔을 떠나는 상황을 의미한다.

340 Uniform Service [유니폼 서비스]

현관 서비스를 의미하며 호텔에 도착한 고객이 처음 접하게 되는 직원으로서 호텔 서비스의 상징이라고 할 수 있다. 현관 서비스에는 벨 데스크, 도어 데스크가 포함되어 있다.

341 Unit Rate System [단일요금제도]

호텔 객실을 이용하는 인원이 1인이든 2인이든 상관없이 지정된 객실 당 요금이 적용되는 것을 의미한다.

342 Upgrade [업그레이드]

고객이 예약한 객실을 호텔 측의 사정으로 제공하지 못할 경우, 혹은 단골 고객이나 VIP 고객의 경우, 고객에게 더 나은 객실을 제공하고 요금은 추가 요금 없이 기존에 예약한 객실 요금으로 처리하는 것을 의미한다.

343 Utility Man [유틸리티 맨 : 공공구역의 청소원]

호텔의 공공구역(로비, 화장실, 호텔 외부 구역 등)을 청소 및 관리하는 직원을 의미한다.

344 Vacancy [베이컨시 : 공실]

판매 가능한 빈 객실이 있다는 의미이다.

345 Vacant and Ready [베이컨트 앤 레디]

객실의 청소가 완료된 판매 가능한 객실을 의미한다.

346 Vacuum Cleaner [배큠 클리너]

진공청소기를 의미한다.

347 Valet Service [발렛 서비스]

호텔 혹은 레스토랑에서 주차를 대행해 주거나 세탁 서비스를 제공하는 것을 의미한다.

348 Ventilator [벤틸레이터 : 환풍기, 환기통]

실내의 오염된 공기를 외부로 내보내는 장치로서 욕실 등에 설치된다.

349 Vending Machine [벤딩 머신]

음료 등을 구매할 수 있는 자동판매기를 의미한다.

350 Verification [베리피케이션 : 재확인]

객실의 예약이나 신용카드 사용 가능 여부를 확인하는 것을 의미한다.

351 VIP [귀빈, 중요한 고객] : Very Important Person

귀빈, 중요한 고객 혹은 특별한 주의 및 관심이 요구되는 고객을 의미한다.

352 Wake-up Call [웨이크 업 콜] : morning call

고객이 모닝콜을 요청하면 지정된 시간에 전화로 알람 서비스를 제공하는 것을 의미한다.

353 Walk-in Guest [워크인 게스트]

예약 없이 호텔에 도착하여 호텔 객실 상품을 구입하고 투숙하는 고객을 의미한다.

354 Walk Out [워크아웃]

고객이 체크아웃 절차를 수행하지 않고 호텔을 떠난 상황을 의미한다.

355 Walk-Through [워크 스루]

검토의 의미를 지니는 용어로서 호텔 자산에 대한 심사과정을 의미한다.

356   Wash Basin [워시 베이슨 : 세면대]

그림 65   세면대 모던스타일(좌 : 안다즈서울), 엔티크스타일(우 : 임피리얼팰리스)

357   Weekly Rate [위클리 레이트]

1주일 투숙하는 호텔 고객을 위해 제공하는 특별요금을 의미한다.

358   Welcome Envelop [웰컴 엔벨로프]

단체 고객 체크인 시 객실 키와 등록 카드를 넣은 봉투를 의미한다.

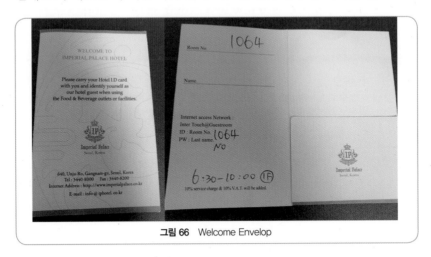

그림 66   Welcome Envelop

359   Wet Mop [웨트 맙]

청소할 때 물에 적셔 사용하는 대걸레를 의미한다.

360 Wet Vacuum [웨트 배큠]

물청소를 할 때 사용할 수 있는 습식 진공청소기를 의미한다.

361 Working Schedule [워킹 스케줄]

근무 일정표를 의미한다.

Hotel Practice
Terminology

PART 2

호텔 식음료 및 조리부문 용어

Chapter 5
식음료 및 조리부문 용어

1 **A1 Sauce [에이 원 소스]**

토마토, 식초, 설탕, 소금, 사과, 오일 등을 재료로 만든 소스이며, 스테이크, 바비큐, 닭요리 등에 잘 어울린다.

2 **A La Carte [알라 카르트 : 일품요리]**

- 고객이 메뉴에서 자신이 먹고 싶은 음식을 골라 주문할 수 있는 형태이다.
- "Table D'hote"와 상반되는 메뉴 개념이다.
- 계절과 조리기술에 따라 변화가 많은 메뉴이다.

3 **Abalone [애벌로니 : 전복]**

전복과에 속하는 조개로 귀 모양과 닮아 귀조개라고도 한다. 일반 조개보다 크고 타원형, 갈색 또는 푸른빛을 띤 자갈색을 하고 있다.

그림 67 전복(Abalone)

4 Abbreviation [어브리비에이션 : 약어]

통일된 방법으로 줄여서 간편하고 쉽게 알아볼 수 있도록 사용하는 약어이다.

ex) Steak → STK, Soup → SP.

5 Absinthe [압생트]

쑥이나 여러 가지 향초의 엑기스를 사용하여 만든 리큐르로서 중독성이 강하고 도수가 높으며 피로회복에 특효주이다.

6 Acetic [어시틱]

"초의, 신맛 나는, 초를 내는"의 뜻이며, 와인 용어에서 "낮은 농도 알코올이 공기와 접촉하면 생성되는 유기산으로 식초 냄새가 날 정도로 변한 와인을 의미하기도 한다.

7 Acidity [어시디티]

산도를 나타내는 말로 상큼하거나 새콤한 맛과 향의 총체적 표현이다.

8 Adega [아제가]

포르투갈(Portugal) 와인용어로 "주로 지상에 있는 와인을 제조ㆍ저장하는 곳"을 말한다.

9 Advocaat [애드보카트]

네덜란드어로 "변호사"란 뜻이 있으며, 알코올 도수는 18°로 브랜디에 달걀노른자, 설탕, 바닐라향을 착향시킨 네덜란드산의 유명한 리큐르(Liqueur)로서 일명 달걀 브랜디(Egg Brandy)라고도 한다.

10 After Dinner [애프터 디너]

리큐어 베이스 칵테일(Liqueur Base Cocktail)의 일종으로 애프리콧 브랜디(Apricot Brandy), 퀴라소(Curacao), 라임 껍질을 셰이커에 넣고 얼음 덩어리와 같이 흔들어서 만든다. 달콤하고 향이 진한 것으로 식후에 주로 마신다.

11 After Dinner Cocktail [애프터 디너 칵테일]

식사 후 입가심으로 마시는 칵테일로 감미가 풍부하고 산미가 높으며 Liqueur Base Cocktail로 After Dinner, After Supper, Babbies Special 등이 있다.

12 After Taste [애프터 테이스트]

술이나 음료를 마신 뒤에 입안에 남아 있는 맛과 향의 뒷맛을 말한다.

13 Afternoon Tea [애프터눈 티]

오래전부터 이어진 영국의 생활문화로, 오후 3시에서 5시 사이에 차와 함께 간단한 스넥을 즐기는 휴식 시간을 일컫는 말이다. 오후를 뜻하는 'Afternoon'과 차를 뜻하는 'Tea'의 합성어로 '오후의 차'라는 뜻이다.

그림 68 Afternoon Tea

14 Aging [에이징 : 숙성]

와인 및 음료 용어로 발효시킨 양조주 또는 증류시킨 증류주를 일정한 기간 오크(Oak)통 속에 넣어서 숙성하는 과정이다. 이 과정에서 통 속의 내용물과 오크통에서 우러난 액의 화학적 반응으로 좋은 맛과 향, 그리고 색이 변화되어 우수한 품질을 만들어 내게 된다.

15 AI Dente [알 덴테]

채소나 파스타류의 맛을 볼 때, 이로 끊어 보아서 너무 부드럽지도 않고
과다하게 조리되어 물컹거리지도 않아 약간의 저항력이 있어 씹는 촉감이
느껴지는 것을 말한다. 즉, 스파게티 면을 삶았을 때 안쪽에서 단단함이
살짝 느껴질 정도를 말한다.

16 Alcoholic [알코홀릭 : 술]

전분(곡류), 당분(과실) 등을 발효시켜 만든 1% 이상의 알코올 성분이 함
유된 음료를 통칭한다.

17 Alcoholic Coffee [알코올성 커피]

Alcoholic Coffee는 "술이 첨가되는 커피"로서 첨가되는 술의 종류에 따라
명칭을 달리한다. 종류로는 Irish Coffee, Coffee Royal, Coffee Deluxe,
Spanish Coffee 등이 있다.

18 Alcoholic Content of Liquor [알코올 농도]

도수의 결정은 일정한 물에 알코올의 함유 농도의 비중을 말한다.

19 All In Method [올 인 메서드 : 올인법]

유화제인 자당지방산에스테르, 소르비탄지방산에스테르, 글리세린지방산
에스테르, 프로필렌글리콜지방산에스테르 등 4종류의 유화제를 적절히 섞
어 빵이나 케이크류에 사용한 것이다.

20 All In Process [올 인 프로세스]

유화제를 사용하여 한 번에 모든 재료를 혼합 반죽한 것이다.

21 All Spice [올 스파이스]

● 올스파이스 나무는 자메이카가 원산지인 상록수이며 열매가 완전히

익기 전에 그 열매 부분을 수확하여 햇볕에서 붉은 갈색이 될 때까지 건조하여 향신료로 사용한다.

● 피망, 자메이카 후추로 알려져 있으며 약간 쏘는 듯한 매운 후추 맛이 난다.

22 All Year Round Menu [올 이어 라운드 메뉴]

일품요리 메뉴로서 한번 작성되면 연중 내내 사용되는 메뉴를 말한다.

23 Allemande Sauce [알망드 소스]

독일식 소스로 벨루테 소스(Veloute Sauce)에 달걀노른자와 크림으로 만들어진 화이트 소스(White Sauce)이다.

24 Almond [아몬드]

단단하고 고소한 맛이 나는 견과류의 일종이다. 껍질은 없고 타원형의 럭비공 모양이며 주름이 있다. 비타민 E가 풍부하여 피부미용에도 좋으며 불포화지방산과 철분, 칼슘도 풍부하여 건강에 좋은 식품이다.

그림 69 Almond

25 Amer Picon [아메르 피콘]

쓴맛과 오렌지 향이 배합된 프랑스산 리큐르로 주정 도수는 27%이다. 보통 그레나딘 시럽과 소다수를 혼합하여 식전주(食前酒)로 마신다.

26 American Service [아메리칸 서비스]

서비스의 기능적·유용성, 효율성, 속도의 특징이 있는 서비스 형태로 가장 실용적이어서 널리 이용된다. 일반적으로 주방에서 음식을 접시에 담아 서브하기 때문에 많은 고객을 상대할 수 있으며 빠른 서비스를 추구하는 장점도 있으나, 음식이 비교적 빨리 식기 때문에 고객의 미각을 돋우지 못하는 단점도 있다. 아메리칸 서비스는 트레이 서비스(Tray Service)와 플레이트 서비스(Plate Service) 두 가지가 있다.

27 American Whisky [아메리칸 위스키]

미국에서 생산되는 위스키로 1770년대 스코틀랜드나 아일랜드에서 종교적 박해와 가난에서 벗어나려고 미국으로 이주한 사람들이 펜실베이니아(Pennsylvania) 지역에 정착하면서 위스키가 제조되기 시작하였다. 그때까지 미국에서는 과일이나 당밀을 원료로 한 브랜디나 럼이 일반적인 술이었다. 1794년 주세법이 통과되자 펜실베이니아의 증류업자들은 세금징수를 피해 켄터키(Kentucky)주로 이주하였다. 여기서 옥수수를 주원료로 사용하는 버번 위스키(Bourbon Whisky)가 탄생하였다.

28 American Sauce [아메리칸 소스]

토마토, 새우, 버터를 가한 붉은색 소스이다.

29 Anchovy [안초비 : 멸치]

- 청어와 비슷한 멸칫과의 바닷물고기를 통틀어 이르는 말이다. 16속 140종이 알려져 있다.
- 안초비는 정통 이탈리아 요리로 멸치를 절여서 발효시킨 젓갈을 의미하기도 한다.

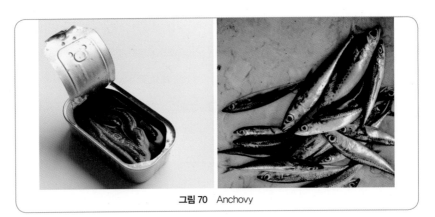

그림 70 Anchovy

30 Anchovy Sauce [안초비소스]

안초비로 담근 젓갈을 주재료로 하여 만든 소스이다.

31 Andalouse Sauce [안달루즈 소스]

마요네즈에 토마토 페이스트와 빨간 피망을 넣은 소스이다.

32 Angostura Bitters [앙고스튜라 비터즈]

중남미에서 생산되는 앙고스튜라 나무껍질의 쓴맛이 나는 액으로 만든 일
종의 향료이다(칵테일에 쓴맛을 내는 나무껍질).

33 Anise [아니스]

파슬리과에 속하고 높이는 30~50cm이다. 종자를 아니시드(aniseed)라고
하는데, 독특한 향과 단맛을 내는 아네톨이 들어 있다. 과자 · 카레 · 빵 ·
알코올성 음료 등의 향료로 쓰고, 증류하여 얻은 아니스유는 약용 · 향료 ·
조미료 등으로 사용한다.

34 A.O.C [Appellation D'origine Controlee, 아펠라시옹 도리진 콩트롤레 : 원산
지 명칭통제]

● 프랑스의 와인은 지방행정부의 법률에 따라 규제를 받는데, 이것이
유명한 AOC(Appellation d'Origine Contrôlée)제도로 '원산지 명칭의

통제'라고 해석할 수 있는데, 포도재배 장소의 위치와 명칭을 관리하는 제도라고 할 수 있다. 이 제도는 전통적으로 유명한 고급 와인의 명성을 보호하고 그 품질을 유지하기 위하여 제정된 것으로 유명한 포도밭의 포도를 사용하지 않으면서 그 지명을 도용하는 행위나, 반대로 유명한 포도원이 다른 곳에서 포도를 구입하여 와인을 제조하는 행위를 통제하여, 정직한 업자를 보호하고 소비자에게 올바른 와인을 선택할 기회를 제공하는 데 그 목적이 있다.

● 이 법률에서는 포도재배 지역의 지리적인 경계와 그 명칭을 정하고, 사용하는 포도의 품종, 재배방법, 단위면적당 수확량의 제한 그리고 제조방법과 알코올 농도, 생산된 와인의 맛과 향에 이르기까지 규정을 정하여, 이 규정에 적합한 와인은 포도재배 지역의 명칭을 가운데 삽입하여 'Appellation(아펠라시옹) ○○○ Contrôlée(콩트롤레)'라고 상표에 표기한다.

35 Aperitif [아페리티프 : 식전주]

아페리티프는 프랑스어로 '식욕증진제'라는 의미로 영어의 애피타이저(Appetizer)에 해당되며 식사 전에 마시는 주류를 말한다. 버무스(Vermouth), 비터즈(Bitters), 캄파리(Campari) 등이 있고 칵테일로는 마티니(Martini) 등이 있다.

그림 71 Campari(좌), Martini(우)

36 Appetizer [애피타이저]

식사 순서 중 제일 먼저 제공되어 식욕을 돋워주는 소품요리를 말한다. 이 전채요리를 프랑스어로는 "Hors D'Oeuvre", 영어로는 "Appetizer", 러시아어로는 "Zakuski"라고 한다.

37 Appetizer Cocktail [애피타이저 칵테일]

식사 전에 식욕을 증진시킬 목적으로 마시는 칵테일로 감미(甘味)가 적고 신맛과 쓴맛이 있는 청량음료 등을 사용한 것으로 마티니(Martini), 스크루 드라이버(Screw Driver), 캄파리 소다(Campari Soda) 등이 있다.

38 Apple Strudel [애플 스트루들]

달걀, 버터 등 파우더를 주재료로 구운 후식을 말한다.

39 Arm Chair [암 체어]

팔걸이가 있는 의자를 말한다.

40 Arm Towel [암 타월]

레스토랑 직원이 팔에 걸쳐서 사용하는 서비스용 냅킨으로 핸드타월이라고도 한다.

41 Armagnac [아르마냑]

프랑스 보르도(Bordeaux) 지방의 남쪽 피레네산맥에 가까운 아르마냑 지역에서 생산되는 브랜디의 일종이다. 프랑스의 유명한 브랜디로 코냑과 아르마냑을 들 수 있다.

42 Artichoke [아티초크]

지중해 연안과 카나리 제도가 원산지이다. 엉겅퀴과에 속하는 식물로 꽃이 피기 전의 어린 꽃봉오리를 잘라 식용하거나 통조림하여 사용한다.

그림 72 Artichoke

43 Au Gratin [오 그라탱]

화이트소스 위에 빵가루나 치즈를 뿌려 오븐에서 갈색으로 구운 요리

44 Auditorium V-Shape [오디토리엄 브이 셰이프 : 강당식 V형 배치]

첫번째 2개의 의자는 무대 테이블 가장자리에서 3.5m 간격을 유지하여 의자를 일직선으로 배열하고 앞 의자는 30° 각도로 배열하여야 한다. V자형의 강당식 회의진행은 극히 드문 편이나, 주최 측의 요청에 따라 배열한다.

45 Aurore Sauce [아로리 소스]

베샤멜 소스(Bechamel Sauce)에 크림을 넣어서 만든 크림소스(Cream Sauce)에 토마토 페이스트(Tomato Paste)를 넣어서 만든다.

46 Auslese [아우스레제]

독일어로 "선별해서 딴(Selected Picking)"의 뜻으로 와인 법규에 따라 잘 익은 포도송이만을 골라서 만든 고급 Wine을 말한다.

47 Automated Dispenser [오토메이티드 디스펜서 : 자동 분출기계]

Automated Dispenser는 "자동 커피머신과 같이 버튼 또는 손잡이를 한 번 누르면 정해진 양만이 공급되도록 고안된 도구"를 말한다.

48 Barcardi [바카디]

쿠바 혹은 푸에르토리코산 럼주의 일종이다.

그림 73 Barcardi

49 Bacon and Eggs [베이컨 앤 에그]

아침 식사의 일종으로 달걀 2개에 베이컨을 함께 제공하는 것이다.

50 Bagel [베이글]

- 베이글(bagel)은 가운데 구멍이 뚫린 둥근 모양의 빵이다. 이스트를 넣은 밀가루 반죽을 링 모양으로 만들고 발효시켜 끓는 물에 익힌 후 오븐에 한 번 더 구워 조직이 치밀해서 쫄깃하면서도 씹는 맛이 독특하다.
- 베이글의 유래는 정확한 기록이 없으나 동유럽 폴란드에 거주하던 유대인들에 의해 만들어진 것으로 보인다. 폴란드의 유대인들이 미국으로 이주하는 과정에서 미국에 전해진 베이글은 유대인 음식으로 인식되었으나 오늘날은 세계인이 즐겨 먹는 빵이 되었으며 주로 크림치즈를 발라 먹는다.

그림 74　Bagle

51 Bake Off [베이크 오프]

제품을 오븐에 넣고 굽는 과정을 가리킨다.

52 Baked Alaska [베이크 알래스카]

케이크에 아이스크림을 얹고 머랭(meringue)을 씌워 오븐에 재빨리 구워
낸 디저트를 말한다.

그림 75　Baked Alaska

53 Ballroom [볼룸]

댄스장, 대연회장이라고 한다.

54 Balsam [발삼]

서인도산 바나나 리큐르의 일종이다

55 Banquet [뱅큇 : 연회]

- 어원은 프랑스 고어인 'Banchetto'이다. 'Banchetto'는 당시에 '판사의 자리' 혹은 '연회'를 의미했었는데 이 단어가 영어화되면서 지금의 'Banquet'로 되었다.

- 연회란 호텔 또는 식음료를 판매하는 시설을 갖춘 구별된 장소에서 2인이상의 단체고객에게 식음료와 기타 부수적인 사항을 첨가하여 모임의 본연의 목적을 달성할 수 있도록 하여 주고 그 대가를 받는 일련의행위를 말한다.

56 Bar [바]

- Bar는 프랑스어의 "Bariere"에서 온 말로, 원래는 고객과 Bartender사이에 가로질러진 널판을 Bar라고 하였는데 현대에 와서는 술을 파는 레스토랑을 총칭하는 의미로 사용되고 있다.

- 사전적 의미로 "가로장"을 의미하는데, 옛날에 유럽의 술집에서 고객의 말을 매어 놓기 위해 가게 옆에 말뚝을 박고 가로장을 달아 놓은데서 연유하였다고 한다.

- 영국에서는 16세기경부터 술과 음식을 내놓는 카운터와 그 안쪽을 바(Bar)라고 했지만, 미국에서 이런 종류의 설비를 갖춘 가게 외에 금주법 시행 중에 비(非)알코올성 음료를 팔았던 극장 등의 카운터도 바(Bar)라고 하였다.

- 한국에 바(Bar)가 나타난 것은 1930년대였으며, 카운터가 있고 양주를 파는 술집을 바(Bar)라고 하였다.

그림 76 밀레니엄힐튼서울 오크룸의 Bar 내 · 외부 모습

그림 77 밀레니엄힐튼서울 오크룸(영국식 pub)

57 Bar Boy [바보이]

Bar에서 필요한 과일, 주스, 술, 얼음 등과 같은 품목을 바텐더(Bartender)
에게 공급하는 종사원을 말한다.

58 Bar Cloth [바 클로스]

바(Bar)에서 주로 사용하는 클로스(Cloth)로 글라스를 닦거나 배열하는 데
주로 사용하고 깨끗하게 보이기 위하여 백색의 리넨(White Linen) 사용을
원칙으로 한다.

59 Bar Spoon [바스푼] : Long Spoon

손잡이가 길어 롱 스푼(Long Spoon)이라고도 하며 칵테일 재료를 휘저을
때 사용되며 한쪽은 포크로 되어 있어 레몬 등을 찍을 때 이용된다.

그림 78 Bar Spoon

60 Bar Trolley [바`트롤리]

각종 주류의 진열과 조주에 필요한 얼음, 글라스, 부재료, Bar기물 등을 비치하여 고객 앞에서 주문받아 즉석에서 조주할 수 있도록 꾸며진 이동식 수레이다.

61 Barbecue [바비큐]

바비큐는 간접 열을 이용해 낮은 온도에서 서서히 조리하고 훈연을 통해 고기에 스모키한 향이 배도록 하는 요리법으로 미국의 대표적인 음식이다.

62 Barrel [배럴] : Oak Barrel

- "술(와인, 위스키, 코냑, 알마냑, 셰리와인)을 제조하여 숙성시키기 위해 사용하는 나무통"을 말한다. 보통 참나무(Oak)로 만든 오크배럴을 사용하는데 오크배럴에서 표준사이즈의 배럴을 "캐스크"라고 부르며 1배럴의 용량은 225L이다. 와인이 보통 1병에 750ml이므로 1배럴은 와인 30병을 만들 수 있는 크기이다. 또한 보통 오크나무 1그루로 배럴 2개를 만들 수 있다고 한다.

- 프랑스, 미국, 동유럽에서 오크배럴을 만들고 있는데 그중에서도 프랑스산이 최고로 취급받고 있다. 프랑스산 오크배럴의 가격은 한 통(배럴)에 최고 $4,000(약 460만 원) 정도로 비싼 것부터 $850(약 100만 원) 정도이다.
- 오크통의 수명은 100년이라고는 하나 보통 4년이 Best 기간이므로 양조장에서는 매년 일부 오크통(20~60% 정도)을 새 오크통으로 교체하는 투자를 하고 있다.

그림 79　Oak Barrel

63　Barsac [바르삭]

보르도(Bordeaux)의 남부지방으로 Chtâeau Climens(샤토 클라망)와 Chtâeau Coutet(샤토 쿠테) 같은 스위트 와인이 유명하다.

64　Bartender [바텐더]

오랜 시간과 숙련된 기술을 요하며 여러 가지의 알코올성 음료와 비알코올성 음료를 섞는 예술적인 전문직종이다. 바텐더는 정직하고 깨끗하고 좋은 성품의 소유자여야 하며 고객들의 요구를 완벽하게 채워주어 고객들을 만족시켜야 할 의무가 있다. 더 나아가 예술성이 짙은 여러 가지 조주에 대해 완벽한 상식을 가지고 있어야 하며 지혜를 갖추고 있어야 한다.

65　Base [베이스] : Base Liquor

칵테일을 주조할 때 가장 많이 함유되는 술을 말하며, 기본이 되는 술이라고 할 수 있다. 베이스로는 진, 보드카, 위스키, 브랜디, 럼, 테킬라 등이 있다.

66 Basic Cover [기본차림] : Standard Cover

레스토랑에서 고객이 요리를 주문하는 데 최소한의 기준을 두고 기본적으로 갖추어야 할 기물의 차림을 말한다.

67 Basil [바질] : Sweet Basil

인도가 원산지인 향료로서 이탈리아, 남부 프랑스, 아메리카가 주산지이다. 주로 어린잎을 적기에 따내어 사용하는 일년생 식물로 높이 45cm까지 자라며 엷은 신맛을 낸다. 이것은 토마토 페이스트 식품, 스파게티 소스, 채소, 달걀 요리의 맛을 돋우는 데 사용된다.

그림 80 Basil

68 Baste [베이스트]

음식이 건조되는 것을 방지하거나 맛을 더하기 위해 녹인 버터나 다른 종류의 유지 또는 국물 등을 숟가락으로 떠서 음식 위에 끼얹거나 솔로 발라주는 것을 말한다. 베이스트는 팬 드리핑(pan dripping)이라고도 하며, 음식의 색과 향미를 주고 음식이 마르는 것을 방지한다.

69 Batonnet [바토네]

채소 자르는 법의 일종으로 작은 막대 모양으로 자르는 방법이다. 보통 알리메트(allumette)나 쥘리엔느(julienne)보다 조금 더 커다란 조각으로 자른 것으로 ¼×¼×2inch(6mm×6mm×5cm)로 잘라준다. 먼저 재료의 껍질을 벗긴 다음 양면을 정사각형으로 자른다. 적당한 길이로 슬라이스를 썰어서 재료를 다듬은 후에 슬라이스 한 것들을 ¼inch(6mm)의 원하는 굵기로 자른다. 영어로는 베지터블 스틱(vegetable stick)이라고 하는데, 이를 막대 모양이나 작은 막대 모양이라고 한다.

70 Batter [배터 : 반죽]

소맥분, 설탕, 달걀, 우유 등의 혼합물로 밀가루에 물이나 우유, 달걀, 샐러드유 등을 섞은 걸쭉한 반죽이다. 요리되지 않은 상태의 것으로 팬케이크나 튀김옷 등에 이용한다.

71 Baumkuchen [바움쿠헨]

바움은 수목(樹木), 쿠헨은 과자의 뜻으로 독일에서 만들기 시작했다. 달걀 · 버터 · 설탕 · 밀가루 · 향료 등을 고루 혼합하여 반죽하고 얇게 밀어 심대에 감으면서 구워낸다. 케이크의 자른 면은 나무의 나이테와 같이 여러 층으로 되어 있다. 독일에서는 서민적인 과자로 과자점에서 세워놓고 손님의 요구대로 잘라서 무게를 달고 생크림을 쳐서 준다. 이 케이크는 부드러워 접시에 놓고 생크림을 고루 섞으면서 먹는 것이 보통이며 럼주를 치면 맛이 더욱 좋다. 프랑스에서는 그랑 가토 브로시(큰나무 과자)라 하며, 중심에 구멍을 크게 내어 굽는다. 그 구멍 속에 과일과 생크림을 섞어서 넣고 윗면을 장식하여 연석에 내놓는다.

72 Bay Leaf [베이리프 : 월계수잎]

지중해 연안과 남부 유럽 특히 이탈리아에서 많이 생산되며 프랑스, 유고연방, 그리스, 터키, 멕시코를 중심으로 자생한다. 월계수 잎은 생잎을 그대로 건조하여 향신료로 사용한다. 생잎은 약간 쓴맛이 있지만, 건조하면 단맛과 함께 향긋한 향이 나기 때문이다. 고대 그리스인이나 로마인들 사이에서 영광, 축전, 승리의 상징이었다.

그림 81 월계수잎

73 Bearnaise Sauce [베어네이즈 소스]

정통 프랑스 소스로 식초, 와인, 타라곤(tarragon: 국화과에 속하며 향신료의 일종), 샬롯(shallot : 부추속의 재배종 식물이며 뿌리채소로 먹음)을 넣어 졸인 후 걸러서 달걀노른자를 넣고 중탕하여 반숙으로 익힌 다음, 정제 버터를 넣고 유화시켜 만든 소스이다. 베어네이즈는 고기, 생선, 달걀, 채소와 함께 제공된다.

74 Beat [비트]

달걀이나 생크림 등을 규칙적으로 휘저어서 공기를 끌어들여 부풀리고 부드럽게 하는 것을 말한다.

75 Beater [비터]

반죽할 때 부드럽게 하기 위하여 사용하는 기구, 믹서 도구의 일종이다.

76 Bechamel Sauce [베샤멜 소스]

주로 생선이나 채소가 많이 사용되는 소스로서 밀가루를 버터에 볶은 White Roux(Roux Blanc)에 우유를 넣고 끓이면서 소금, 후추, 양파, 너트메그(Nutmeg), 월계수잎(Bay Leaf) 등을 넣은 후 45분~1시간쯤 끓여낸 후 체에 밭쳐낸다. 베샤멜 소스는 요리사 베샤벨이 만들었다고 하여 붙여진 이름이다.

77 Beef [소고기]

사육된 소의 종류, 즉 젓소, 수소, 황소, 어린 암소의 각 부분으로부터 얻어진 고기이다. 일반적으로 2~3년 동안 약 350~450kg에 이를 때 이들은 도살될 준비를 하게 된다. 도살된 후 무게는 250kg 정도이다.

78 Beef Stock [비프 스톡 : 서양식 소고기 육수]

- 사골과 같이 소의 잡뼈를 이용해 채소와 향료(香料)를 넣고 6~8시간 정도 오랜 시간 서서히 끓여서 찌꺼기를 걸러낸 국물이다. 서양 요리의 그레이비 소스, 스테이크 소스, 수프 등 여러 가지 음식의 기본(베이스)이 되며 비프 스톡을 잘 우려내 놓아야 요리의 깊은 맛을 완성할 수 있다. 비프 스톡은 요리 색 변화를 주지 않는 화이트 스톡과 오븐에서 캐러멜라이즈되게 구운 뼈와 채소 및 물을 넣고 장시간 우려내 갈색을 띠는 육수인 브라운 스톡이 있다.

- 닭뼈를 재료로 만든 것은 Chicken Stock[치킨 스톡]이라고 한다.

- **[참고]** Broth[브로스]는 stock과 비슷하나 뼈 대신 고기(meat)를 채소와 허브 등과 함께 삶아서 만드는 육수이며 stock에 비해 요리시간은 짧고 더 맑으며 풍미가 강하다.

79 Beer [비어 : 맥주]

- 보리를 싹 틔워 만든 맥아로 맥아즙을 만들고 여과한 후 홉(Hop)을 첨가하여 맥주효모균으로 발효시켜 만든 알코올성 음료이다.

- 한국 주세법에는 "맥아 및 홉(Hop : 홉 엑스를 포함한다)과 백미 · 보리 · 옥수수 · 고량 · 감자 · 녹말 · 당질 · 캐러멜 중의 하나 또는 그 이상의 것과 물을 원료로 발효시켜 여과 정제한 것"으로 정의하고 있다. 맥아 이외의 녹말질 원료가 맥아 무게의 50%를 넘지 못하도록 하고, 알코올 분은 2도 이상 6도 이내로 규정하고 있다.

- 맥주는 알코올 성분이 적은 편이나 이산화탄소와 홉의 쓴맛 성분을

함유하고 있어 소화를 촉진하고 이뇨작용을 돕는 효능이 있다.

그림 82   Beer

80   Beet [비트]

Red Turnip(빨간 순무)으로 속이 매우 단단하여 장시간 물에 삶아야 한다.
Pickle, Salad에 사용한다.

그림 83   Beet

81   Beignet [베이네]

반죽을 기름에 튀긴 것으로 그 안에 날재료 또는 익힌 재료를 감싸 튀기기
도 한다. 튀김은 재료에 따라 오르되브르, 애피타이저 혹은 디저트로 서
빙되며 보통 아주 뜨거운 상태로 소금 또는 설탕을 뿌려 먹는다. 사용하는
튀김 반죽은 어떤 재료를 감싸 튀기는가에 따라 달라진다. 음식을 튀길 때
는 일단 튀김옷을 입은 재료가 튀김 냄비 바닥으로 가라앉았다가 열의 작

용으로 부풀면서 가벼워져 기름 위로 떠오르기 때문에 튀김용 기름은 언제나 넉넉하게 준비해야 한다. 튀기는 중간에 한 번 뒤집어준다. 튀김의 원리는 간단하지만, 그 맛과 형태는 다양하다.

그림 84　Beignet

82　Bel Paese [벨 파아제]

이탈리아 롬바르디아 지방에서 우유를 압착해 숙성시킨 세미하드 치즈이다.

그림 85　Bel Paese

83　Bench Time [벤치 타임]

반죽을 분할하여 비닐로 덮어 발효시키는 과정인데, 벤치타임을 주는 목적은 성형에 대비하고 글루텐 조직을 강화하기 위해서이다. 이때 시간은 보통 15~20분 정도로 한다.

84 Benedictine [베네딕틴]

- 프랑스에서 생산되는 가장 오래된 허브 리큐어이다.
- 19세기 와인상인 알렉상드르 르 그랑(Alexandre Le Grand)에 의해 개발되었으며 27가지 꽃, 열매, 허브, 뿌리 및 향신료로 맛을 낸다고 알려져 있다.
- 알코올 도수가 약 42%인 호박색 리큐르(Liqueur)이다.
- 레이블에는 D.O.M(Deo Option Maximo : 최고로 좋은 것을 신에게 바친다)이라고 표기되어 있다.

85 Bercy [베르시]

백포도주를 재료로 만든 소스를 말한다. 파리의 베르시 지역은 오랫동안 대형 유럽 와인시장이 있던 장소다. 1820년부터 이 근처에 우후죽순 생겨난 작은 식당들에서는 와인 소스를 곁들인 음식에 이 지역 이름을 붙여 팔았다고 한다. 이 식당들은 주로 튀김요리, 와인 소스 베이스의 생선요리나 구운 고기 등을 팔았다.

86 Between Heat [비트윈 히트]

대개 육류에 한하여 조리하며 상하(上下)에 열원(熱源)을 두고 그 사이에 재료를 넣어 익히는 조리법이다.

87 Beverage [베버리지 : 음료]

음료란 알코올성 음료와 비알코올성 음료를 통틀어 인간이 마실 수 있는 모든 액체의 총칭이다. Beverage를 불어로 Boisson(부아송 : 음료, 주류)이라 한다.

88 **Beverage Bring In [베버리지 브링 인 : 음료 반입]**

Beverage Bring In은 연회 주최자 측에서 필요한 음료를 연회장 내에 가지고 오는 것을 말한다. 이때 수량, 품목, 연회일시, 연회장명, 반입자 성명 등을 필히 확인하고 리스트를 작성하여 점검한 후 인수한다. 반입된 품목들은 연회 종료 후에 작성된 리스트를 기본으로 하여 주최자의 확인 아래 수량을 파악, 재고 등을 최종 점검한 후 주최자의 지시에 따라 처리한다.

89 **B.G.M [Background Music : 배경음악]**

배경음악으로 영업장(호텔 로비, 레스토랑 등), 작업장 등에 틀어 놓아 분위기를 연출하고 생산능률을 향상시키는 역할을 하는 음악을 말한다.

90 **Bianco [비앙코 : 화이트 와인]**

이탈리아어로 화이트 와인을 의미한다.

91 **Bill of Fare [빌 오브 페어 : 메뉴] : Menu**

메뉴 또는 차림표를 말한다.

92 **Bin [빈]**

주류 저장소에 술병을 넣어 놓은 장소, 혹은 컵을 끼워 놓는 컵 보드를 뜻한다.

93   Bin Card [빈 카드 : 품목별 카드]

호텔의 음료 입고와 출고에 따른 재고 기록카드로서 품목의 내력을 기록하며 창고 또는 물건이 비치된 장소에 비치한다. 예를 들어 모든 와인, 술, 음료 종류 등을 적정재고량을 확보하는 데 사용되는 것으로 적정시기에 적정소요량을 재주문할 수 있게 하는 자료이다. 와인의 품목별 카드 기록은 와인 타입, 와인이름, 포도 수확연도, 공급회사명, 최종 주문일자, 주문된 수량, 입고일자, 최종 점검일자, 재고량 등이 기록된다. 이것을 Bin Card(빈 카드)라 한다.

94   Biscuit [비스킷]

베이킹 파우더로 부풀게 만든 작고 둥근 즉석 빵을 말한다.

그림 86   Biscuit

95   Biscuit Roule [비스킷 룰레]

스펀지 케이크와 비슷하며 달걀노른자, 설탕, 바닐라 등으로 기포를 낸 다음 소맥분을 넣고 반죽을 한 후 녹인 버터를 섞는다. 철판에 종이를 깔고 210~215℃의 오븐에서 구운 후 생크림을 발라 생과일, 딸기, 배, 파인애플을 넣고 말아 감는다.

96   Bitter Bottle [비터 보틀]

칵테일을 조주할 때 향료(Bitter)를 dropping 혹은 dashing하기에 용이하도록 만든 유리제 향료 용기이다.

97 Bitters [비터스]

Bitters는 칵테일이나 기타 Drink 종류에 향미를 가하기 위하여 만든 착향제이다.

98 Blanc [블랑 : 흰색]

불어로 "흰색(White)"을 뜻한다. 독일어로 Weiss(바이스), 이탈리아어로 Bianco(비앙코), 스페인어로 Blanco(블랑코), 포르투갈어는 Branco(브랑쿠)라는 표현으로 사용되고 있다.

99 Blanching [블랜칭]

재료와 물 또는 기름이 1:10 정도의 비율로 끓는 물에 순간적으로 넣었다가 건져내어 흐르는 찬물에 헹구어 조리하는 방법으로 채소나 감자 등을 조리할 때 쓰인다.

100 Blanquette [블랑케트]

흰살 육류(송아지, 닭, 토끼, 양)나 생선, 채소 등을 흰색 육수 혹은 향신재료를 넣은 물에 넣어 익힌 스튜의 일종이다.

101 Blended Whisky [블렌디드 위스키]

블렌디드 위스키는 몰트(Malt) 위스키와 그레인(Grain) 위스키를 적당한 비율로 혼합하는 것인데 우리가 음용하는 스카치 위스키의 대부분은 이 타입의 위스키이다. 일반적으로 몰트 위스키 40~50%에 그레인 위스키 60~55% 정도이다. 주정도수(酒酊度數)는 80proof 이상에서 출고시킨다.

102 Blender [블렌더]

전동 믹서기로서 강·중·약의 회전속도 조절장치가 부착되어 있으며 과일, 크림, 달걀 등이 들어가는 셰이크 종류를 혼합할 때 쓰이며 회전 날

부분을 항상 청결하게 관리하여야 한다.

그림 87　Blender

103　Bordelaise sauce [보르들레즈 소스]

"보르도식(Bordeaux)의 소스"라는 뜻, 양파, 당근, 셀러리, 타임(광대나물과 식물, 백리향) 버터와 월계수 잎사귀를 주재료로 하여 만든 흰색 또는 갈색소스(에스파뇰 소스 : Espagnole Sauce)이다.

104　Borsch [보르시]

러시아와 폴란드에서 즐겨 먹는 육수에 채소를 큼직하게 썰어서 만든 수프이다.

105　Bouquet Garnis [부케 가르니]

수프 등에 향기를 더하기 위해 넣는 파슬리 따위의 작은 다발이다.

106　Bourbon Whiskey [버번 위스키]

- 옥수수를 주원료로(51% 이상) 만든 미국 위스키이다.
- 미국에서 제작되고 51% 이상 옥수수를 증류해 사용하며, 반드시 불에 태운 새 오크통을 이용해 숙성하며, 연속식 증류기로 알코올 농도 40~50%까지 증류한 제품을 버번위스키라고 부른다.
- 버번이란 미국 켄터키주(州)의 지명으로 19세기 초에 이 지방을 개척

한 농민들은 대개 농장 안에 소형 증류기를 갖추어 놓고 위스키를 증류하였다. 당시에는 도로가 열악해 수확한 곡물(옥수수)을 직접 운반하기보다는 위스키로 가공하여 강을 통해 배로 나르는 비용이 덜 들었기 때문이라고 한다.

그림 88 Bourbon Whiskey

107 Brandy [브랜디]

- 브랜디는 과당(Fruit Suger)으로부터 만들어진 양조주를 증류하여 만들어진 알코올 도수가 높은 독한 술이다. 브랜디는 포도주를 증류하여 만들어진 것이며, 다른 과당을 증류하였을 때에는 그 앞에 그 재료의 명칭 및 특별한 상품명을 기재한다.

- 브랜디의 증류는 보통 2단계로 나누어 실시하며 평균 8통의 포도주에서 1통 정도의 브랜디가 증류된다. 증류 직후에는 무색투명한 액체이나 질 좋은 오크통(Oak, 참나무통)에 저장하여 숙성시키면 멋진 색상의 브랜디가 탄생한다.

108 Breakfast [아침식사]

아침식사로 제공되는 모든 요리를 말한다.

- **American Breakfast** : 달걀요리가 곁들여진 아침식사로서, ① 계절과 일(Season Fruit), ② 주스류(Juice), ③ 시리얼(Cereal), ④ 달걀요리(Eggs), ⑤ 음료(Beverage), ⑥ 케이크류(Cake), ⑦ 빵종류(Bread & Rolls) 및 그 밖에 달걀요리가 제공될 때에는 햄, 베이컨 혹은 소시지 등이 곁들여 제공된다.

- **Continental Breakfast** : 달걀요리를 곁들이지 않은 아침식사를 말하며, 빵 종류, 주스 · 커피나 홍차가 제공된다.

- **Vienna Breakfast** : 비엔나식 조식은 달걀요리와 롤빵 그리고 커피 정도로 먹는 식사를 말한다.

- **English Breakfast** : 미국식 조식과 같으나 생선요리가 포함되는 아침식사이다.

그림 89   American Breakfast(좌), Continental Breakfast(우)

109   Brochette [브로셰트 : 꼬치구이]

꼬치. 꼬챙이. 대개 스테인리스로 된 긴 꼬치로 작게 썬 재료를 끼워 그릴이나 숯불에 굽는 데 사용한다. 특별한 경우에는 나무로 된 꼬챙이도 사용한다.

110   Broiled [브로일드 : 굽기]

음식을 열(熱)로 조리하는 일종의 굽는 조리법이다. 생선이나 육류를 팬에서 어느 정도 익힌 다음 일정 거리를 두고 직접 열을 가하여(직화로) 조리하는 방법이다.

111 Brown Stock [브라운 스톡] : Fond Brun

소뼈나 송아지뼈를 잘게 썰든가 깨뜨려서 채소, 당근, 양파, 셀러리, 토마토, 부추를 썰어 지방(기름)과 함께 넣어 붓는다. 이때 색깔이 진한 다갈색으로 되었을 때 물에 3~4시간 정도 서서히 끓여서 통후추나 소금을 가미하여 양념하고 찌꺼기를 걸러낸다.

112 Brunch [브런치]

조반 겸 점심. 아침과 점심의 병용 식사로 Breakfast의 Br과 Lunch의 Unch로 만들어진 단어로, 점심시간(12:00) 전까지 식사를 제공하는 것을 말한다.

113 Brunoise [브뤼누아즈]

양파, 당근, 셀러리를 2~3mm 네모로 썰어, 버터를 녹인 두꺼운 냄비에 넣고 볶아서, 부용을 붓고 5~6분간 약한 불에서 끓인다.

114 Buffet [뷔페]

대형 테이블에 식탁보를 깔고 다양한 음식과 디저트를 차려 놓아 고객이 직접 먹고 싶은 음식을 먹고 싶은 양만큼 담아와서 식사할 수 있도록 하는 식사형태이다.

115 Bus Boy [버스 보이] : Busser, Assistant Waiter

식당에서 웨이터를 돕는 접객보조원으로 식사 전(前)·후(後) 식탁정돈 및 청소를 주업무로 하는 식당직원을 말한다.

116 Bussing System [버싱 시스템] : Bussing

고객들이 사용한 기물과 접시류 등을 치워주는 서비스 업무형태를 말한다.

117   Butcher [부처 : 푸줏간, 정육점]

- 요리사처럼 흰 가운(White Jacket)을 차려입고 큰 고깃덩어리를 베어 서브하거나 각 식당에서 사용하기 적당하게 1인분씩 준비해주는 일을 하는 사람이다.

- 호텔 주방에는 이러한 고기를 부위별로 나누는 작업만을 담당하는 Butcher Kitchen이 별도로 있다.

그림 90   Butcher

118   Cafe Alexander [카페 알렉산더]

아이스커피(Ice Coffee)와 브랜디, 카카오(Cacao)의 향이 한데 어우러진 가장 전통적인 분위기의 커피로서 주로 남성들이 즐기는 메뉴이다. 커피 (50ml)를 얼음과 함께 용기에 부어 냉커피를 만들어 브랜디와 크렘 드 카카오(Creme de Cacao)를 넣은 후 생크림을 살며시 띄워서 만든다.

119   Café Au Lait [카페오레 : 프랑스식 커피우유] : Milk Coffee(영국)

- 프랑스어로 카페는 '커피', 오(au)는 '~에'라는 의미이며, 레(Lait)는 '우유'를 의미한다. 따라서 해석하면 '우유에 커피'라는 의미이다. 즉, 우유를 넣은 커피이며, 드립커피에 뜨거운 우유를 넣으며 그 비율은 1:1이다.

- 카페오레와 White Coffee와 다른 점은 카페오레는 뜨거운 우유를 넣지만, White coffee는 찬 우유를 넣는다는 것이다.

● **[참고]** 드립커피(Drip Coffee)란 커피빈 가루를 거름 장치에 담은 후 물을 부어서 만드는 커피제조 방식이다. 보통 프렌치프레스(French Press)라는 도구를 활용해서 만든다.

그림 91 Cafe Au Lait(좌), French Press(우)

120 Café Cappuccino [카페 카푸치노]

● 계피(시나몬) 향이 독특한 조화를 이루는 이탈리아의 대표적인 커피로 시나몬 커피라고도 부르며 진하게 추출한 커피에 설탕과 계핏가루를 살짝 뿌린다. 카페라테와 에스프레소 1샷(shot)에 우유를 넣는다는 레시피는 같지만, 카푸치노는 우유에 크리미한 거품(creamy milk form)을 내서 올리는 것이 차이점이다.

● 카페라테와 비교할 때 카푸치노는 더 진한 맛을 가진 에스프레소를 사용하고 우유의 양은 적고 대신 우유 거품의 층이 두껍게(1cm 이상) 올라가기 때문에 상대적으로 커피의 진한 맛을 느낄 수 있다.

그림 92 Cappuccino

121 Cafe Espresso [카페 에스프레소]

- 전통적인 이탈리안 커피로 "크림 카페"라고도 한다. 아주 작은 잔에 진하게 내려서 마시는 커피이다.
- 짧은 시간에 높은 압력을 사용해 추출하기 때문에 커피의 본연의 맛을 가장 잘 느낄 수 있는 커피 종류이다.
- 에스프레소 커피에 물을 부어 희석하면 '아메리카노(Americano)'가 된다.
- 이탈리아에서는 에스프레소를 식후에 즐겨 마시는데, 피자 따위의 지방(脂肪)이 많은 요리를 먹은 후에 적합한 커피이다.

122 Cafe Kahlua [카페 칼루아]

멕시코의 테킬라라는 술의 일종으로, 테킬라 술의 향기(香氣)와 커피의 맛이 어우러진 독특한 메뉴이다.

123 Caffè latte [카페라테 : 이탈리아식 커피우유] : Milk Coffee(영국)

이탈리아어로 카페(Caffè)는 '커피', 라테(latte)는 '우유'를 의미한다. 따라서 카페라테는 커피에 우유를 넣은 것을 의미한다. 카페라테는 에스프레소 커피에 우유를 듬뿍 넣은 커피를 뜻하며 에스프레소 커피와 우유의 비율이 약 2:8이다. 또한, 우유는 보통 그냥 우유가 아닌 스팀우유를 사용하며 약간의 우유 거품이 들어가게 된다. 카페오레와 유사하지만, 제조방법 및 커피와 우유의 비율이 다르다.

124 Cafe Mexicana [카페 멕시카나]

커피 용어로 "뜨거운 스페인 커피(Spanish Coffee)에 브랜디와 칼루아(Kahlua)를 달걀 거품 크림과 함께 얹은 것"을 말한다.

125 Cafe Noir [카페 누아] : Black Coffee

프랑스어로 크림이나 밀크가 가미되지 않은 블랙커피(Black Coffee)를 의미한다.

126 Cafeteria [카페테리아]

'커피숍'을 뜻하는 스페인어에서 유래한 명칭으로, 테이블 서비스를 줄인 캐주얼한 분위기가 많다. 주로 학교, 공공기관, 회사, 병원 등의 식당에서 볼 수 있으며, 푸드코트도 카페테리아의 일종이라고 볼 수 있다. 손님이 셀프서비스로 음식이나 음료를 가져가는 것이 대부분이지만 그렇지 않은 경우도 있다.

127 Calf [캡 : 송아지]

3~10개월 정도 된 송아지를 말하며 조직은 붉은 핑크색을 띤다.

128 Calvados [칼바도스]

프랑스 북부의 저-노르망디(Basse Normandie)지방의 페이 도즈(Pays d'Auge)를 제외한 지역과 일부 고-노르망디(Normandie)에서 사과 주스를 발효시켜 만든 사과주(Cidre)를 증류하여 얻은 오드비(Eaux-de-Vie)를 오크에서 숙성시켜 만든 브랜디의 원산지명이다.

129 Campari [캄파리 : 리큐르의 한 종류]

캄파리는 창시자의 이름을 딴 이탈리아산 리큐르(Liqueur)로 붉은색이며 매우 쓰다. 주로 아페리티프(Apéritif: 식전주)로 애음되고 소다수(Soda Water)나 오렌지주스(Orange Juice)와 잘 배합된다.

130 Canadian Whisky [캐나디안 위스키]

캐나다 위스키는 세계 5대 위스키 중 가장 순하며 부드러운 향미를 지니고 있다고 할 수 있다. 위스키 제조 공정은 호밀(rye)을 중심으로 한 약간 향미가 진한 플레이버링 위스키 제조와 옥수수를 중심으로 한 크림 맛의 베이스 위스키 제조로 나눠진다. 원래 3년 이상 숙성시킨 후 배합해서 제품화된다. 또한, 원료로 51% 이상 호밀을 사용하면 라벨에 라이(rye) 위스키라고 표시할 수 있다.

131   Canape [카나페]

식빵을 작게 잘라서 구워 한쪽 면에 버터를 바르고 식품을 얹은 전채요리이다.

그림 93 Canape

132   Caper [케이퍼]

케이퍼는 새싹에서 향료를 채취하고, 꽃봉오리로 피클을 만든다. 연어요리에 빠지지 않고 나오는 '케이퍼 피클'은 꽃봉오리로 만든 피클이다. 유럽에서 2천 년 이상 먹어온 전통식품이다.

그림 94 Caper

133 Cart Service [카트 서비스]

주방에서 고객이 요구하는 종류의 음식과 그 재료를 Cart에 싣고 고객의 테이블까지 와서 고객이 보는 앞에서 직접 조리를 하여 제공하는 서비스 형태이다. 일명 French Service이라고도 하는데 가장 호화롭고 직원의 숙련된 서비스기술 및 쇼맨십(Show Man Ship)도 요구되는 서비스이다.

134 Carving [카빙]

고기의 특별한 부위를 칼로 잘라내거나 주방에서 조리된 생선의 뼈나 껍질 등을 제거하고 먹기 좋은 크기로 제공하는 것이다.

135 Champagne [샴페인]

- 스파클링 와인 중에 가장 대표적이며 인기 있는 와인이다.
- 모든 스파클링 와인을 샴페인이라고 하는 것은 아니며, 프랑스의 샹파뉴(Champagne) 지역에서 생산된 것만 샴페인이라고 부를 수 있다.
- 원산지인 프랑스어로는 '샹파뉴'라고 발음하지만, 영어식의 '샴페인(Champagne)'이라는 명칭으로 굳어졌다. 샹파뉴 지방은 연평균 기온이 매우 낮아 포도를 재배하기에는 기후조건이 좋지 않지만, 오히려 이러한 기후조건 때문에 신맛이 강하고 세심하며 예리한 맛의 와인이 제조될 수 있게 되었다.
- 프랑스의 다른 지역에서 제조된 스파클링 와인은 크레망(Crement), 뱅 무스(Vin Mousse)라고 하여 샴페인과는 구별한다. 프랑스어로 '무스(Mousse)'는 거품을 뜻한다.

그림 95 좌측부터 모엣샹동 로제, 돔페리뇽, 모엣샹동 임피리얼 샴페인

136 Charet [샤레트]

와인용어로 "최상급 보르도 와인(Bordeaux Wine)"을 부를 때 사용되는 용어이다.

137 Chaser [채이서 : 독한 술 뒤에 마시는 음료]

- 독한 술 뒤에 마시는 음료이다.
- "뒤쫓는 자"란 뜻으로 독한 술(주정이 강한 술) 따위를 직접 스트레이트(Straight or on the Rocks)로 마신 후 뒤따라 마시는 술 혹은 청량음료를 뜻한다.
- 증류주를 Straight 또는 병으로 판매할 때, 물이나 청량음료를 별도로 곁들여 서브하는 것이다.

138 Chateau [샤토]

- 프랑스어로 성(城), 포도원이라는 뜻이다.
- 한 포도원에서 재배부터 병입까지 한 경우 라벨에 샤토를 붙일 수 있다. 미국에서는 이 단어 대신에 "Estate"를 사용하고 부르고뉴 지방에서는 "Domaine"을 사용한다. 샤토는 주로 보르도 지역에서 많이 사용한다.

139　Chateaubriand [샤토브리앙]

- 파슬리(Parsley)를 곁들인 갈색 또는 Spanish Sauce와 함께 서브되는 두터운 허리살 안심 스테이크이다.
- 19세기 프랑스의 귀족이며, 작가인 샤토브리앙 남작의 요리장 몽미레이유가 만든 안심스테이크의 가장 가운데 부분으로서 샤토브리앙 남작이 즐겨 먹었기 때문에 이러한 이름이 붙여졌다.
- 소 1마리에 4인분 정도밖에 제공되지 않는 고급 스테이크이다.

140　Chef de Partie [CDP, 셰프 드 파티 : 조리장]

- 시스템에서의 소스 전문 요리사, 그릴 요리 전문 요리사 등등이 여기에 속한다.
- 요리사의 직급은 경력에 따라 나뉘게 되는데 그 체계는 다음과 같다.
- 수련생(helper, apprentissage(아프랑티사주 : 프랑스어)으로 시작하여 3급 조리사(3rd cook), 2급 조리사(2nd cook), 1급 조리사(1st cook)가 있다.
- 그다음으로는 부조리장(Section chef, DCDP : Demie Chef de Partie), 조리장(CDP : Chef de Partie), 단위 업장의 부주방장(Sous-Chef, Under Chef), 주방장(Chef de Cuisine 셰프 드 퀴진, Head Chef)이 있다.
- 호텔과 같이 여러 개의 주방을 운영, 기획 및 총괄해야 하는 곳에서는 부총주방장(Executive Sous Chef) 및 총주방장(수석주방장 : Executive Chef)을 두기도 하며, 규모가 작은 곳에서는 부총주방장 없이 총주방장만 있는 경우도 있다.
- 셰프 드 파티(조리장)는 단위 업장의 주방장(Sous Chef) 부재 시에 그 역할을 대신하고 단위 주방장의 지시에 따라 실무적 일을 수행한다. 또한 주방 업무 전반에 걸쳐 함께 의논하며 부하 직원들의 고충을 수렴하여 해결하는 일을 한다.

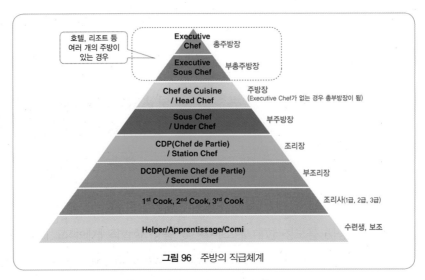

그림 96 주방의 직급체계

그림 97 Chef de Parti(조리장)의 종류

141 Chef de Rang [셰프 드 랭] : Station Waiter

프렌치 서비스 형태로 셰프 드 랭은 근무조의 조장으로 2~3명의 웨이터와 더불어 자기 스테이션에 배정된 식탁의 고객 서비스를 책임진다.

142 Chef de Vin, Sommelier [셰프 드 뱅, 소믈리에] : Wine Steward, Wine Butler

Chef de Vin(셰프 드 뱅)은 레스토랑에서 와인을 중심으로 하여 음료를 주문 받고 서브하는 와인 웨이터를 말한다. 즉 포도주를 전문적으로 서비스하는 사람 또는 직종을 말한다.

143 Chicken Broth [치킨 브로스]

닭과 채소, 쌀, 보리를 육수에 넣어 끓인 수프이다.

144 Chicken Cutlet [치킨 커틀릿]

닭고기에 밀가루, 달걀, 빵가루를 발라 기름에 튀긴 요리이다.

145 Chilling [칠링]

음식물이나 포도주 Glass 등을 차게 하여 냉장하는 것이다.

146 China Ware [도자기류]

도기류(陶器類)는 대부분은 주방에서 취급되지만, 요즈음에는 식당지배인 주관하에 취급된다. 사기그릇도 서비스를 담당하는 부서의 철저한 청결이 확인되고 취급되어야 한다.

147 Chinese Cabbage [차이니즈 캐비지] : 중국배추

- 중국 요리에서 잎채소로 쓰는 두 개의 품종을 이르는 말이다. 하나는 나파 배추(Napa cabbage, Pekinensis Group)이고, 다른 하나는 결구를 형성하지 않는 복초이(Bok choy, Chinesis Group)이다.

- 나파 배추는 중국어로 대백채(large white cabbage)라고 하는데 우리말로 배추가 되었다. 속이 단단하게 차 있으며 우리나라에서는 김치를 담그는 데 사용한다. 원래 15세기 전까지는 중국이 원산지였으나 조선 후기에 우리나라로 들어와 김치의 재료로 쓰이게 되었다.

- 복초이는 중국어로 백채(흰 채소)라고 하며 중국 남부와 동남아시아에서 널리 쓴다.

그림 98 복초이(좌), 나파배추(우) 사진 : 위키피디아

148 Cider [사이다 : 사과주] : Cidre [(프) 시드르], Apple Wine

- 사과를 발효시켜 만든 사과주(Apple Wine)를 말한다.
- 나라와 지역별 다양한 사과주가 있으며 알코올 도수는 4%~8.5%까지 다양하다.
- 한국에서 사이다라고 불리는 것은 시트르산(구연산)과 감미료·탄산가스를 원료로 하여 만든 비알코올성 탄산음료로서 원래 사과주의 의미와는 차이가 있다.

그림 99 Cider

149   Cinnamon [시나몬]

- 육계(C.cassia) · 실론육계(C.zeylanica) 및 계수나무(C.laureirii) 등의 껍질로 만든다. 향신료로 이용하는 것은 나무의 안쪽 껍질이다. 나무 껍질을 쪄서 하루 동안 식힌 후 바깥쪽 껍질을 제거한다. 그러면 안 쪽 껍질만이 남는데 이것이 시나몬이다. 시나몬은 채집부위, 산지, 종류 등에 따라 함유성분에 다소 차이가 있는데, 일반적으로는 약간 의 매운맛과 단맛을 동반한 청량감과 독특한 방향성이 특징이다.

- 가장 오래된 향신료 중의 하나로 향기가 좋아 옛날부터 귀하게 여겨 졌다. 시나몬은 페니키아 상인에 의해 아라비아에 전해졌다. 구약성 서에는 모세가 성유 속에 시나몬을 섞어 사용했다는 기록도 있다.

- 고대로부터 시나몬의 감미로운 향기가 깊은 사랑을 나타내는 것이라 고 알려져 왕족과 귀족들 사이에서 최고의 선물이었다. 로마의 폭군 네로는 자신이 가장 아끼는 애첩이 죽자 로마에서 사용할 1년분에 해 당하는 시나몬을 태워서 사랑을 표현했다는 일화가 있을 정도이다. 유럽에서는 9세기에 널리 쓰였다.

그림 100   Cinnamon

150   Citron [시트론]

- 레몬 등 시트러스류의 과일로 운향과 귤속 식물이다. 레몬과 비슷하게 생겼지만 껍질은 더 쭈글쭈글하고 두껍고 맛은 레몬만큼은 시지 않다. 과즙이 많으며 향이 있는 노란색의 다소 두꺼운 껍질로 싸여 있다.

- 비타민 C, 비타민 PP, 구연산, 칼슘이 풍부하여 괴혈병(각종 출혈을 동반하며 대항해시대에 뱃사람들을 괴롭힌 질병) 치료에 탁월한 효과가 있다.

- 주로 주스, 셔벗, 젤리, 잼 등에 이용하며 채소 샐러드에 과육을 넣거나 드레싱에 과즙을 넣어 산뜻한 맛을 내게 한다. 껍질은 설탕에 절여 케이크나 과자류에 사용하며, 가금류와 생선요리의 디저트 소스로 이용되기도 한다.

그림 101 다양한 종류의 Citron

151 Clam [클램 : 대합]

- 백합과의 조개로 길이는 5~10cm이다. 껍데기가 크고 매끈하며 동심원 모양으로 아주 가는 줄무늬가 나 있다.

- 영어로 하드 클램이라고 불린다.

- 대합은 1917년 미국인들에 의해 프랑스에 처음 들어왔다. 바다로 이어지는 강 하구 모래와 진흙이 섞인 수심에 많이 서식하며 특히 미국과 캐나다 동부 연안과 프랑스 샤랑트 지역에서 주로 채취한다. 마렌 올레롱(Marennes-Oléron)의 갯벌 양식장에서 소규모로 양식이 이루어지고 있으며, 이곳에서 5~6cm 크기의 대합이 출하된다.

- 날로 먹거나 굴처럼 요리하여 먹고 코모도르식으로(à la commodore) 요리하여 먹기도 한다. 뉴잉글랜드에서는 특히 튀겨 먹는 것을 선호한다.

- 클램 차우더(clam chowder)는 각종 채소와 양파, 대합을 넣고 끓인 뒤 감자, 경우에 따라 베이컨을 넣은 걸쭉한 수프로 뉴잉글랜드의 대표적인 음식이다. 또한 클램베이크(clambake)는 뜨겁게 달군 돌 위에 대합을 비롯한 조개류를 얹고 그 위에 해조류를 덮어 익혀 먹는 미국 동부 연안의 전형적인 피크닉 음식을 지칭한다.

그림 102 Clam Chowder(좌), Clam(우)

152 Clove [크로브 : 정향]

- 정향은 유일하게 꽃봉오리를 쓰는 향신료로 자극적이지만 상쾌하고 달콤한 향이 특징이다. 정향나무의 원산지는 몰루카섬이지만, 오늘날에는 서인도, 잔지바와 마다가스카르를 포함한 몇몇 곳에서 재배된다. 나무는 15m까지 자라는 상록수로 밝고 붉은 꽃이 핀다. 꽃이 벌어지면 향기가 날아가 버리므로 꽃이 피기 전, 봉오리가 1cm 정도가 되면 따서 말린다.

- 정향은 향신료 중 방부 효과와 살균력이 가장 강력해서 중국에서는 약재로 사용된다. 화장품, 치약, 약품이나 향수의 재료로도 쓰이며 치통이 있을 때 정향을 물고 있으면 응급진통제 역할을 한다. 포푸리나 포맨더의 재료로도 쓰이는데, 전통적으로 오렌지에 정향을 찔러 넣어 방에 매달아두는 형태로 만들어진다.

- 양식에서는 햄을 구울 때나 채소 피클을 담글 때 주로 사용한다. 만약 정향을 통째로 사용했다면 만들어진 요리를 그릇에 담기 전에 꺼

내야 한다. 카레, 육수, 전채요리, 소스, 펀치, 사과요리, 마른 과일 설탕 절임, 케이크, 빵, 다진 고기와 마른 과일 디저트의 향을 내는 데 사용하고 육류요리를 위한 소스에도 사용한다.

그림 103 Clove

153 Coaster [코스터 : 잔 받침용 깔판] : Glass Mat, Tumbler Mat

컵 밑에 받치는 깔판으로 보통 두꺼운 마분지 제품이 많으며 가죽제품, 금속제품도 있으나, 그 용도의 특성을 볼 때 수분을 잘 흡수하는 것이 좋다.

그림 104 Coaster

154 Cocktail [칵테일]

- 여러 종류의 양주를 기주로 하여 고미제(苦味劑, bitters : 쓴맛을 내는 성분)·설탕·향료를 혼합하여 만든 혼합주(mixed drink)이다.
- 칵테일이라는 명칭의 유래는 여러 설이 있으나, 1795년경 미국 루이지애나주(州) 뉴올리언스에 이주해온 A.A.페이쇼라는 약사가 달걀 노른자를 넣은 음료를 조합해서 프랑스어로 코크티에(coquetier)라고 부른 데서 비롯되었다는 설이 있다.

- 칵테일은 미국에서 처음 만들기 시작했다고 하나 혼성음료를 만드는 풍습은 반드시 미국에서 시작된 것은 아니다. 인도와 페르시아에서는 예로부터 펀치(punch)라는 혼성음료를 만들고 있었다. 그것이 에스파냐 사람에 의해 서인도나 유럽에 전해졌다는 기록이 있다. 또 1737년에 죽은 영국의 육군대령 F.니거스가 양주를 배합하여 진기한 혼성음료를 발명하고 니거스란 자기의 이름을 붙였다는 설도 있다

- 칵테일의 유행은 역시 미국에서 시작되었다고 할 수 있으며, 그 후 미국에 금주령이 내렸을 때 바텐더들의 대다수가 실직하여 유럽에 건너가 여러 종류의 칵테일을 만듦으로써 유럽에서도 유행하게 되었다. 제1차 세계대전 전에는 일부 특수층에서만 애음되다가 이 전쟁을 치르는 동안 주둔지 군인들이 칵테일을 요구하게 되면서 일반화되었다.

155 Cocktail Basic Technique [칵테일 조주 방법]

주장(酒場)에서 사용되는 섞는 방법(Mixing Methods)의 기본법은 빌드(Build), 스터(Stir), 셰이크(Shake), 블렌드(Blend)의 4가지가 있다.

- **Build Method(넣기)** : 서브될 용기나 글라스 안에다 한 가지 재료를 넣어 섞는 방법

- **Stir Method, Mixing Glass(휘젓기)** : 비중이 가볍거나 잘 섞이는 두 가지 이상의 술을 믹싱 글라스에 넣고 롱스푼으로 골고루 저어서 스트레이너(Strainer)를 믹싱 글라스에 끼우고 서빙 글라스에 걸러 제공하는 방법

- **Shake Method(흔들기)** : 셰이커 안에 혼합물을 넣어 흔들어서 제공하는 방법이다. 핸드 셰이킹(Hand Shaking)은 조주기법 중에서 꽃이라고 할 수 있으며 쇼맨십(Showmanship)이 필요한 기법이다.

- **Blend Method(섞기)** : 달걀, 크림 등 잘 섞이지 않고 거품이 많이 필요한 펀치(Punch)류와 같은 종류를 만들 때 사용

156 Cocktail for All Day [올데이 칵테일]

식전(食前)이나 식후(食後)와 관계없이 또 식탁과 관계없이 어디서나 어울리는 레저드링크로서 감미와 신맛을 동시에 가지고 있으며 비교적 산뜻하고 부드러운 맛을 내는 것으로 치치(Chee Chee), 마이타이(Mai Tai), 브랜디 사워(Brandy Sour), 진 라임 소다 등이 있다.

157 Cocktail Garniture [칵테일 가니처 : 칵테일 첨가재료]

칵테일은 기주(基酒)에다 부재료를 사용하여 색과 맛 그리고 향기를 첨가하여 마시는 술이다. 이러한 부재료의 종류에는 풍미(風味)를 내기 위해 사용되는 주류(Liqueur, Vermouth 등) 외에 과즙류(Juice), 시럽류(Syrup), 과실류(Fruits), 향료류(香料類), 비터스류(Bitters), 탄산 청량음료 등이 있다.

- **과즙을 내서 사용하는 과일** : 레몬(Lemon), 라임(Lime : 레몬 비슷하며 작고 맛이 심), 오렌지(Orange)
- **시럽류** : 플레인 시럽(Plain Syrup), 그레나딘 시럽(Grenadine Syrup), 라즈베리 시럽(Raspberry Syrup)
- **주스류** : 오렌지, 레몬, 라임, 파인애플, 토마토 주스
- **과실(果實)류** : 레몬, 오렌지, 라임, 파인애플, 체리(Cherry), 올리브(Olive), 어니언(Onion)
- **향료(香料)류** : 박하(Mint), 시나몬(Cinnamon : 육계(肉桂)나무), 너트메그(Nutmeg : 육두구), 클로브(Clove : 정향(丁香)), 오렌지 비터
- **청량음료류** : 소다수(Soda Water), 광천수(Mineral Water), 콜라, 토닉워터(Tonic Water), 사이다, 진저에일(Ginger Ale : 생강 맛을 곁들인 비알코올성 탄산 청량음료의 일종), 사워 믹스(Sour Mix)
- **기타 부재료** : 생크림(Sweet Cream), 커피, 달걀, 설탕, 꿀, 소금, 후추, 핫 소스(Hot Sauce), 우스터셔 소스(Worcestershire Sauce)

158　Cocktail Lounge [칵테일 라운지]

라운지(Lounge) 옆에 Bar를 설치하여 양주에서 Soft Drink까지 이른바 음료를 마시면서 담화하는 넓고 큰 방을 라운지라고 부른다. 대체로 Lobby 옆에 있고 술을 즐기는 Bar와 Lobby를 합쳐서 조합한 것을 말한다.

159　Cocktail Maker [칵테일 메이커] : Bartending

바텐딩이란 오랜 시간과 숙련된 기술이 필요하며 여러 가지의 알코올성 음료와 비알코올성 음료를 섞는 예술적인 전문직종이다. 바텐더는 정직하고 깨끗하고 좋은 성품의 소유자여야 하며 고객들의 요구를 완벽하게 채워주어 고객들을 만족시켜야 할 의무가 있다. 더 나아가 예술성이 짙은 여러 가지 조주에 대한 완벽한 상식을 가지고 있어야 하며 동시에 지혜를 갖추고 있어야 한다. 즉 Bar 장비와 저장품 확인, 정확한 측량 및 서비스 진행절차, 칵테일과 믹스 드링크(Cocktail and Mixed Drink) 제조법 숙지, 글라스류의 선택, 장비 및 기구 선택 등 조주에 대해 다양한 지식이 있어야 한다.

그림 105　Bartending

160　Cocktail Measuring [칵테일 메저링 : 칵테일 계량]

칵테일을 더욱 맛있게 제조하여 고객들에게 제공하기 위해서는 정해진 재료를 정량(定量)대로 사용해야 한다. 이때 양을 측정하는 것을 Measuring

이라고 한다.

161 Cocktail Pick [칵테일 픽]

칵테일 제공 시 열매나 과실을 장식용으로 꽂을 때 사용하는 목제 및 플라스틱 제품이다.

그림 106 Cocktail Pick

162 Coffee [커피]

커피나무에서 생두를 수확하여, 가공공정을 거쳐 볶은 후 한 가지 혹은 두 가지 이상의 원두를 섞어 추출하여 음용하는 기호 음료이다. 커피나무 열매(Cherry) 속의 씨앗(생두, Green Bean)을 볶고(원두, Coffee Bean), 물을 이용하여 그 성분을 추출하여 만든다. 어원은 아랍어인 카파(Caffa)로서 힘을 뜻하며, 에티오피아의 산악지대에서 기원한 것으로 알려져 있다.

그림 107 Coffee 나무에 달린 커피 열매

163 Coffee Baeranfang [커피 베랑팡]

Coffee Baeranfang(커피 베랑팡)의 Recipe는 보드카와 카카오를 넣고 커피를 부은 후 꿀과 휘핑크림(Whipping Cream)을 얹어 제공되는 커피를 말한다.

164 Coffee Conquest [커피 콘퀘스트]

설탕을 팬에 녹인 다음 커피를 붓고 사과처럼 깎은 오렌지를 넣는다. 오렌지 향이 빠지고 난 후 포크와 ladle(레들 : 국자)로 껍질을 들어 올려 럼이 흘러내리게 하여 불을 붙인다. Grand Manier(그랑 마니에)를 넣어 오렌지 향을 첨가한 휘핑크림(Whipping Cream)을 얹어 제공하는 커피를 말한다.

165 Coffee Float [커피 플로트]

커피에 설탕을 넣고 아이스크림이나 휘핑크림을 얹은 커피이며, 플로트 (float)는 '뜨다, 떠오르다'의 뜻으로 커피에 아이스크림이나 생크림, 휘핑 크림을 얹는 것을 의미한다. 에스프레소(Espresso)에 설탕을 넣은 후 생크림이나 바닐라 아이스크림, 휘핑크림을 얹고, 차갑게 마실 때는 에스프레소에 얼음을 갈아 넣는다. 러시아에서는 매우 진한 커피를 즐기는데 여기에 크림을 넣고 달콤한 설탕(또는 잼)을 넣었다는 뜻으로 카페 글라스 (Cafe glace)라고도 한다.

166 Coffee Punch [커피 펀치]

황란과 꿀을 개어 커피를 넣고 잘 저어 브랜디를 Whipping Cream으로 덮은 것을 말한다.

167 Coffee Run [커피런]

커피를 데우기 위해 쓰이는 열을 가할 수 있는 전열기를 말한다.

168 Cognac [코냑]

- 프랑스 코냐크 지방에서 생산하는 와인 베이스 브랜디를 '코냑'이라고 한다. 브랜디 중 최고급 품질로 평가되어 코냑이라는 이름이 브랜디와 같은 의미처럼 사용되고 있지만, 샹파뉴 지역에서 생산된 발포성 와인만을 '샴페인'이라고 부를 수 있듯이 지리적 표시제가 적용되어 코냐크 지방에서 생산된 브랜디만이 '코냑'이라는 이름을 쓸 수 있다.

- 정식명칭은 오드비 드 뱅 드 코냑(eau-de-vie de vin de Cognac)이다. 원래 이 지방 포도주는 프랑스 보르도산(産)에 비해 신맛이 나는 등 맛이 없어 포도주로서 극히 하급품이었다. 그러나 1630년경 어떤 네덜란드인에 의해 증류되어 세계 제일의 품질인 브랜디가 나왔다는 흥미로운 역사적 배경이 있다.

- 증류 직후의 술은 무색이나, 헤네시·마르테르 등 큰 회사가 사들여 리무쟁(코냐크 지방의 동쪽에 위치함)산(産) 떡갈나무통에 넣어 보존·숙성(4~50년 정도)시키면 에스테르화(化) 등의 화학변화를 일으켜 향기롭고 맛 좋은 코냑이 된다.

- 숙성되는 동안 통 자체에서 우러나는 향미와 색소도 중요하지만, 통에 저장하는 동안 자금이 묶이고, 알코올 성분이 한 해에 3~5%나 증발하여 생산가가 많이 들게 되어 최근에는 캐러멜로 착색하는 방법을 사용한다.

- 통에 저장했던 술을 적당히 혼합하여 병에 넣고 3성(星), 'VSOP' 등 일정한 표시를 하는데, 이것은 판매회사별로 정한 기준에 의한 것일 뿐 법적인 규정은 아니다. 일단 병에 넣은 후에는 숙성하지 않으며, 줄어들지도 않는다. 알코올 도수는 40~43도이다.

그림 108 코냑(좌 : 헤네시, 우 : 마르텔)

169 Cointreau [쿠앵트로] : 프랑스산 리큐어

- 오렌지 껍질로 만든 프랑스산 리큐어로서 도수는 40%(proof 80)이다.

- 쿠앵트로는 일명 오렌지술이라고도 하는데, 화이트 퀴라소(white curacao) 중에서는 최고급품으로 단맛이 강하며 부드러운 맛과 향 때문에 케이크나 디저트를 만들 때 널리 이용되고 있다. 엄선된 오렌지와 에센스를 추출하여 고급 브랜디와 혼합하여 만든 술이다.

- 1849년 프랑스 르와르지역 아돌프 쿠앵트로(Adolphe Cointreau)가 만들기 시작하였으며, 그 후 쿠앵트로 집안의 형제들에 의해 만들어졌으나 제조방법이 알려져 미국에서도 만들고 있다.

그림 109 Cointreau 쿠앵트로

170   Cola [콜라]

- 콜라는 미국을 대표하는 음료로서 열대지방에서 재배되고 있는 콜라 열매(Cola Nut : Kola nut) 속에 있는 콜라두를 가공 처리하여 레몬, 오렌지, 시나몬, 바닐라 등의 향료를 첨가하여 만든다.

- 벽오동과의 상록 교목. 서부 아프리카 원산의 재배 식물로 높이는 6~9m. 잎은 길고 둥글며 꽃은 황색임. 열매는 15cm가량의 둥근 모양으로 속에 4~10개의 씨가 들어 있다. 씨에는 카페인과 콜라닌이 들어 있어 콜라 음료의 원료로 쓰인다.

- 콜라의 열매를 원료로 한 청량음료를 통틀어 이르는 말이다.

그림 110   콜라 열매

171   Cold Room [냉동고]

고기, 생선, 과일, 채소 등을 보관하는 장소로서 온도의 차이에 따른 분류로 나누어진다.

- **최강 냉동고**(最强 冷凍庫) (−18℃~−25℃) : 식품냉동, 급속냉동
- **냉동고**(冷凍庫) (+1℃~−13℃) : 신선한 고기나 생선 보관
- **냉장고**(冷藏庫) (+4℃~+6℃) : 일일 식자재품, 달걀

172   Collation [콜라시옹 : 간식 혹은 가벼운 식사]

카톨릭 신자들이 금식일에 먹는 가벼운 식사를 의미하지만, 현대 언어에서 콜라시옹은 빠르게 먹는 식사를 의미하며 일반적으로 퇴근길에 간단히 먹는 끼니 등 일상적인 식사시간 외에 먹는 것을 말한다. 하지만 경우에

따라 비교적 푸짐할 수도 있다.

173 Commissary Kitchen [커미서리 키친 : 식재료 보급주방]

호텔의 업장의 조리장이 필요한 식재료를 구입 또는 주문하는 주방으로 식재료를 세척하고, 가공처리 하며, 각 주방에 재료들을 공급하는 '주방의 주방'이라고 할 수 있다.

174 Condiment [컨디먼트 : 양념]

- 식품 및 요리 본연의 맛을 향상시키고 식욕을 돋우며 소화를 촉진하거나 특정 재료를 보존하는 데 사용되는 식품성분을 말한다. 이는 매우 광범위한 요소를 통칭하는 용어로 향신료, 향신허브, 소스, 과일 및 일부 조리혼합물 등까지 모두 포함한다.

- 시즈닝이 요리를 만드는 과정에서 주로 간을 맞추기 위해 첨가하는 것이라면, 컨디먼트는 더 좋은 맛을 낼 수 있는 맛의 궁합이나 미각적 조화에 따라 선택된다.

- 곁들여 먹는 식품(코르니시옹, 과일 식초절임, 케첩, 머스터드 등)일 수도 있고, 식재료(스파이스 믹스, 허브, 견과류나 건과일, 송로버섯 등)나, 보존제(오일, 소금, 설탕, 식초 등)를 지칭할 수도 있다.

Chapter 7

식음료 및 조리부문 용어

175 Coriander [코리앤더 : 고수풀]

- 고수는 로마인에 의해 유럽에 소개된 후, 육류의 저장을 위해 이용되었다. 오늘날 고수는 세계 각국에서 폭넓게 사용되고 있는데, 특히 태국, 인도, 중국과 유럽에서 많이 사용한다. 향이 일품이고 비린내를 없애는 데도 효과가 있다. 동양에서는 생것을 선호하고 서양은 씨앗을 쓴다. 동남아시아의 모든 음식에서 맡을 수 있는 독특한 향이 모두 고수에서 나온 것이다.

- 고수는 모든 부분이 식용 가능하다. 잎은 얼얼한 향이 있고, 말린 씨는 달콤하고 매운 감귤 맛과 향을 낸다. 씨앗은 주로 생선 및 가금류 요리와 채소요리에 사용한다. 소시지, 커리, 고기를 조리하기 전에 곱게 간 고수 씨를 발라 향을 가미하기도 한다.

그림 111 Coriander(고수풀)

176 Cork [코르크]

- 와인병 입구를 막는 데 쓰는 병마개다. 코르크나무를 깎아서 만드는 가볍고 부드러운 소재로 미세한 구멍을 통해 공기가 들어갈 수 있어 와인숙성에 도움을 주는 기능을 한다. 그러나 코르크에는 TCA라는 균이 있어 이것에 와인을 오염시켜 와인이 가진 과일 향을 모두 날려 버리고 나무 향만 남기게 하여 변질시키기도 한다. 이것을 Corked되었다고 표현하는데 전체 와인 생산량의 3~5%가 코르크의 균에 의해 변질(Corked)된다고 한다. 하지만 Corked된 상태를 분별하는 것은 숙련된 소믈리에에게도 매우 어려운 일이라고 한다.

- 코르크 마개의 상태를 확인하여 와인 보관상태의 좋고 나쁨을 판단할 수 있다.

- 코르크는 60년 정도 된 코르크 오크(Cork Oak)나무의 껍질을 깎아 만든 것이 가장 좋은 품질로 평가받고 있으며, 코르크를 만들기 위해 훼손되는 자연을 보호하기 위해 최근에는 트위스트캡, 유리캡슐, 친환경 코르크 등의 대체품을 사용하기도 한다. 이렇게 10년 이하로 마시는 와인은 꼭 코르크를 쓰지 않고 대체품을 써도 되지만 그 이상 숙성해서 마시는 고급와인은 와인의 품질을 위해 코르크를 꼭 사용해야 한다.

그림 112 Cork

177 Corkage Charge [콜키지 차지 : 음료반입요금]

- Corkage는 사전적 의미로 "코르크 마개를 빼기, 고객이 가져온 술병에 대한 호텔의 마개 뽑아 주는 서비스료"의 뜻이며, 음료 용어로

Corkage Charge는 "외부로부터 반입된 음료를 서브하고 그에 대한 서비스 대가를 받는 요금"을 말한다.

- 고객이 갖고 온 음료에 대하여 부과하는 요금을 말하는데, 고객이 다른 장소에서 직접 구입한 술을 레스토랑에 가져와 마실 때 서비스에 대한 대가로 지불해야 하는 요금을 말한다.
- 특별히 고가품이 아닌 경우는 "가지고 온 술 가격의 40% 정도"가 매겨지는 것이 상례이다.

178 Corsage [코르사주]

- 원래는 가슴에서 허리 근처까지 내려오는 거들처럼 몸에 꼭 맞는 의복의 허리부분을 가리키는 말로, 코르셋(corset) · 코르슬릿(corselet) 등 프랑스어 'cors-'로 시작되며, 몸체를 의미한다. 14세기경부터 여성복으로 유행했던 몸에 꼭 맞는 르네상스기(期)의 복장에서 비롯된 것이다. 이때 옷의 맵시를 위하여 속옷이 필요하게 되어 속옷과 겉옷으로 구분해 입었는데, 속옷이 코르셋, 겉옷이 코르사주였다.
- 코르사주는 서양 복장 형태에서 중요한 부분을 차지하고 오랫동안 유행을 지배하였으며, 지금도 민족의상으로서 유럽 전역에서 입고 있어 현재의 여성복에서도 간혹 그 형태를 찾아볼 수 있다. 단, 프랑스어로 코르사주는 여성복의 길 또는 동부(胴部)라는 뜻뿐이고, 복장을 장식하는 꽃다발은 영어의 코사지로 표현한다. 그러나 한국에서는 그와 같은 구별을 하지 않고, 코르사주를 일반적으로 여성이 가슴이나 앞 어깨에 다는 꽃다발로 통용된다.

그림 113 의상의 장식으로 쓰이는 코르사주

179 Cover Charge [커버 차지]

식당 따위의 자릿값, 식음료 대와는 별도로 테이블 서비스(Table Service)
에 대한 봉사료를 의미한다. 특수한 예로서 프랑스에서는 Night Club이나
Cabaret 등에서 무대를 잘 볼 수 있는 좌석에 Cover Charge를 붙인다.

180 Credit Memorandum [크레디트 메모]

검수 과정에서 반품까지는 하지 않더라도 현품이 구매기술서 또는 거래약
정기준과 차이가 있을 경우 이를 시인시켜 차후의 신용 유지를 관리할 목
적으로 작성하는 것으로서 이 메모는 필요한 만큼(2~3매) 사본을 작성하
여 원본은 판매처에, 사본은 구매부, 회계부 등에 보낸다.

181 Croutons [크루통] : Aux Croutons

굽거나 튀긴 정육면체의 작은 빵조각, 일반적으로 수프(Soup)와 샐러드
(Salad)의 곁들임으로 사용한다.

그림 114 Potato Soup and Croutons

182 Daily Special Menu [당일 특별메뉴] : Daily Menu, Today's Menu, Carte
de Jour

계절, 기념일 등에 따라 주방장이 자신의 아이디어로 제철 식재료 등을 이
용해 만들어 제공하는, 메뉴에도 없는 특별메뉴를 말한다. 고객에게 새로운
별미를 제공하고 흥미를 유발할 수 있는 메뉴를 제공할 수 있어야 한다.

183 Danish Pastry [데니시 페이스트리]

주로 호텔 조식(Breakfast)에 제공되는 빵으로 반죽을 말아서(Rolled) 구워낸 빵 종류를 말한다.

그림 115 Danish Pastry

184 Dark Meat [다크 미트]

육류(Meat)는 색에 따라 White와 Dark로 구분하는데 주로 소스 사용을 구별하기 위함이다. Dark Meat로는 돼지고기, 쇠고기, 조류, 생선 중 황색 생선(정어리, 다랑어, 숭어 등)과 붉은색 생선(연어, 붉은숭어, 새우, 홍어, 게 등), 그리고 가금류의 날개와 다리 부분이 속한다.

185 Dash [대시]

칵테일 조주 시 사용하는 Bitter Bottle에서 나오는 양을 표시하는 단위로서 대략 ⅙ Tea Spoon 정도의 한 방울 용량을 의미한다.

186 Decant [디캔트]

와인의 앙금(찌꺼기)을 제거하고, 와인 고유의 향을 풍부하게 다시 살리기 위해 와인 병에서 다른 병으로 와인을 옮겨 담아 마시는 것을 말한다. 주로 오래 숙성된 값비싼 Red Wine을 마실 때 사용한다.

187 Decanter [디캔터]

와인을 디캔팅할 때 사용하는 용기를 말한다. 주로 유리나 크리스탈로 제작되며 입구는 좁고 길며 내부는 넓은 모양으로 되어 있다. 이는 숙성된 와인이 공기와 접촉하는 면을 최대로 줄여 와인의 맛을 해칠 수 있는 산화를 최대로 줄이기 위함이다.

그림 116　Decanter

188　Decanting [디캔팅]

와인의 앙금(찌꺼기)을 제거하거나 다른 용기에 옮겨 담는 과정을 말한다.

그림 117　Decanting

189　Deep-fry [딥 프라이]

매우 높은 온도에서 버터나 기름을 많이 넣고 식재료가 완전히 잠기게 한 뒤 튀기는 조리방법을 말한다.

190　Delicatessen [델리카트슨 : 조제식품]

손쉽게 먹을 수 있도록 조리가 끝난 식품으로 고기(육가공품), 샐러드, 치즈, 통조림 등의 식품을 말하기도 하며 이러한 식품을 판매하는 곳을 말하기도 한다. 줄여서 델리(Deli)로 표기하며 부르기도 한다. 최근에는 Deli에서 와인, 초콜릿, 케이크 등을 같이 판매하면서 베이커리의 성격이 강한 형태로 변화하고 있어 델리와 베이커리를 거의 같은 의미로 혼용하여 사용하기도 한다. 주로 호텔 로비의 베이커리 내 혹은 옆에 같이 위치하고 있다.

그림 118　Delicatessen

그림 119　델리(좌 : 그랜드인터컨티넨탈파르나스서울, 우 : 그랜드워커힐서울)

191　Demi Glace Sauce [데미 글라스 소스]

글라스(Glace)보다 덜 진한 스톡(Stock)을 Demi Glace라고 하며, 에스파뇰 소스(Espagnole Sauce)의 기름을 빼고 졸인 갈색 소스를 말한다.

192　Demi Tasse [데미 타스 : 작은 찻잔]

일반 커피잔 크기의 ½ 용량인 작은 찻잔을 말한다. 에스프레소 커피를 제공할 때 사용된다.

그림 120   Demi Tasse

193 Dessert [디저트 : 후식]

서양식 코스요리에서 메인요리 다음에 제공되는 달콤한 감미로운 음식을
말한다. 종류로는 단맛과 과일류, 치즈류로 구분하고 찬 음식과 더운 음식
으로 구분할 수 있다.

194 Dessert Wine [디저트 와인]

메인 식사가 끝나고 디저트를 먹을 때 같이 마시는 와인으로 단맛을 가진
와인(sweet wine)이 이에 속한다.

195 Dianne Sauce [다이앤 소스]

다진 양파, 통후추, 레드와인을 혼합한 후 Gravy(육즙소스)를 붓고 Fresh
Cream을 추가한 후 달걀흰자와 Truffle(송로버섯)을 넣어 만든다.

196 Dice [다이스]

작은 주사위 모양처럼 식재료를 아주 작게(가로, 세로 1cm 전후로) 자르는
것이다.

197 Dish Dolly [디시 돌리]

접시를 쌓아 한 번에 많이 운반할 수 있도록 만든 카트(Cart) 종류이다.

198 Distilled [디스틸드 : 증류, 증류주]

- 알코올이 포함된 혼합물에서 알코올을 분리해내는 방법 혹은 그렇게 얻어진 술을 의미한다. 이것은 서로 성질이 다른 두 가지 이상의 물질이 있을 때 각각 다른 기화점이 있다는 원리에서 만들어진 방법이다.
- 단식증류기(Pot Still : 곡류와 과실 등을 원료로 함)와 연속증류기(Paten Still)에 의해 증류한 술로 높은 알코올 도수를 함유하게 된다.
- 증류주의 종류에는 브랜디(Brandy), 코냑(Cognac), 위스키(Whisky), 보드카(Vodka) 등이 있다.

199 Doily [도일리]

식탁에 깔고 식기류를 세팅하기 위해 활용하는 작은 냅킨을 말한다. 일반적으로 원형 도일리는 글라스류를 서비스할 때 밑받침으로 사용한다. 또한, 케이크나 샌드위치를 놓기 전에 접시 바닥에 까는 작은 깔개를 의미하기도 한다.

그림 121 다양한 Doily의 활용 모습

200 Door Knob Menu [도어 납 메뉴]

객실에 비치된 아침 식사 주문용 메뉴이다. 위쪽에는 동그랗게 구멍이 뚫려 있고 아래쪽에는 메뉴 이름과 함께 체크를 할 수 있게 되어 있어서 고객이 원하는 식사 메뉴와 함께 객실 번호, 희망하는 조식 시간을 표시해 객실 바깥쪽(복도쪽) 문고리에 걸어두면 룸서비스 야간 근무자가 새벽 2~3시경 수거해 간다. 그러면 메뉴에 표시된 내용대로 고객이 요구하는 조식 시간에 맞추어 룸서비스에서 음식을 준비해 객실로 제공하게 된다.

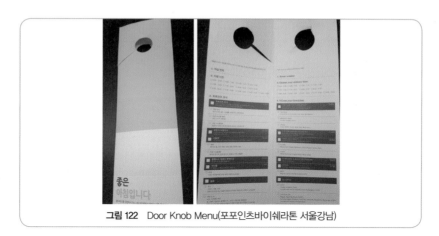

그림 122 Door Knob Menu(포포인츠바이쉐라톤 서울강남)

201 Dough [도우 : 반죽]

물, 밀가루, 설탕, 우유, 기름 등을 혼합하여 반죽한 것이다.

202 Drapes [드레이프스] : Skirt

연회행사에서 연회용 테이블 주위에 두르는 주름이 있는 천을 말한다. 손님
들의 다리를 가려주고 장식을 위해 테이블에 부착하는 형태로 사용한다.

203 Dressing [드레싱]

샐러드 위에 끼얹어 제공하는 소스를 말한다. 샐러드의 맛을 높여주는 역
할을 한다.

204 Drop [드롭 : 방울]

칵테일에서 사용하는 강한 향료를 Bitters Bottle에 떨어뜨리는 양을 뜻하
는 말로 '방울'을 의미한다. 대략 5~6 Drop이 1 Dash 정도이다. (1 Dash
= ⅙ Tea Spoon)

205 Dry [드라이] : Sec(프랑스어) 섹, Trocken(독일어) 트로켄, Seco(스페인어)
세코, Secco(이탈리아어) 세코

술의 맛을 의미한다. 술의 독하거나 쓴 정도를 표현하는 말이다. 술의 달

콤한 맛을 표현하는 스위트(Sweet)라는 표현의 반대 의미라고 할 수 있다.

206 Dry Store [건조식품 저장고]

식음료 재료를 보관하는 창고 중에서 수분이 없는 식품 종류를 보관하는 창고이다. 주로 메인 주방에 위치하며, 시리얼(Cereal), 향초(Herbs), 통조림(Can Food), 향신료(Spices), 병입 식품 등이 저장된다.

207 Dust [더스트]

먼지라는 의미가 있지만, 빵이나 음식을 조리할 때 밀가루나 설탕을 뿌리는 것을 뜻하기도 한다.

208 Egg Benedict [에그 베네딕트]

수란(포치드 에그 : Porched Egg)을 구운 영국 머핀(English Muffin)과 햄 혹은 베이컨 위에 올리고 홀랜다이즈 소스(Hollandaise Sauce)를 얹어 제공하는 미국의 대표적 샌드위치 요리이자 브런치 메뉴이다.

그림 123 Egg Benedict

209 Egg Custard [에그 커스터드]

달걀, 설탕, 우유, 밀가루를 섞어서 만든 파이종류의 과자이다.

210 Egg Nogg [에그 녹]

칵테일 Long Drink 종류 중 하나로 술, 달걀, 설탕, 우유, 브랜디, 럼을 사용해 만든다.

211 Emincer [에맹세]

채소를 아주 얇게(0.2~0.3cm 정도로) 자르는 방법이다.

212 Entree [앙트레] : Main Dish

영어의 'Entrance'의 뜻을 가지며, 코스요리로 제공되는 식사 중 중심이 되는 메인요리를 뜻한다. 보통 육류요리(소, 송아지, 돼지, 양, 가금류; 닭, 토끼, 오리, 비둘기, 엽수류; 노루, 사슴, 산토끼, 엽조류; 꿩, 메추리)로 구성된다.

213 Espresso [에스프레소]

이탈리아식 커피 추출법으로 분쇄한 커피가루를 넣어서 순식간에 90℃ 정도 되는 고온의 물에 고압으로 추출한 것으로 커피 맛이 진한 것이 특징이다.

그림 124 Espresso Coffee 잔과 커피 추출 모습

214 Executive Chef [총주방장, 조리장]

- 주방의 모든 음식에 대한 조리 및 준비를 총 책임지는 역할을 한다. 주방의 총괄책임자로 경영 전반에 걸쳐 정책 결정에 참여하여 기획, 집행, 결재를 담당한다. 식음료 부문에 대한 풍부한 지식과 경험이 있어야 하며, 원가관리와 신메뉴 개발, 메뉴구성 관리, 인사관리에 따른 노동비 산출, 직원의 안전 관리 등의 업무를 담당한다.
- 규모가 큰 호텔이나 리조트 등에만 있는 직급으로 총주방장이 없는 직급체계 즉 보통의 레스토랑에서는 Chef de Cuisine이 그 역할을 대신하게 된다.

215 Fermented [퍼멘티드 : 양조주]

과실 중에 포함되어 있는 당분, 즉 과당이나 곡류에 함유된 전분(Starch)을 전분 당화효소인 디아스타제(Diastase)와 효모인 이스트(Yeast) 작용으로 발효 양조하여 만든 알코올성 음료이다.

216 Fig [피그 : 무화과]

무화과 나무의 열매이다.

그림 125 Fig(무화과 열매)

217 Filet [필레] : Fillet

육류나 생선의 뼈나 지방질을 추려낸 순 살코기를 뜻한다.

218 Filet Mignon [필레 미뇽]

소고기의 연한 허리살 부분에 있는 안심부위이다.

219 Finger Bowl [핑거볼 : 손가락 씻는 그릇]

실버웨어(Silver ware)를 사용하지 않고 손으로 직접 음식을 집어서 먹어야 하는 경우, 손가락을 씻을 수 있도록 작은 볼(bowl)에 물을 담고 레몬 슬라이스 혹은 꽃 잎 등을 띄워 테이블 왼쪽에 세팅하게 된다.

220 Finger Food [핑거푸드]

손으로 집어 먹을 수 있는 크기의 음식을 말한다. 주로 당근이나 셀러리 등을 작게 잘라 기름에 튀긴 것을 말한다.

221 First Cook [1급 조리사]

각 조리부서의 조장으로 조리업무 실무 면에서 탁월한 기능을 소지한 사람이다. 주방에서 중간관리자 역할을 하고 제반 사항을 주방장 또는 부주방장에게 보고하며, 조원의 업무감독과 음식 재료 유지관리 등의 업무를 담당한다.

222 FIFO [First In First Out : 선입선출]

먼저 입고된 재료를 먼저 사용한다는 뜻이다.

223 Fish and Chips [피시 앤 칩스]

생선튀김 요리에 감자튀김을 곁들인 요리이다.

그림 126 Fish and Chips 요리와 레스토랑

224 Fish Stock [피시 스톡]

생선의 뼈, 머리, 꼬리, 지느러미를 채소와 함께 넣고 오래도록 볶아 갈색이 되도록 한 후 물을 붓고 1~2시간 정도 끓인 후 후추와 레몬껍질을 넣고 서서히 끓여 30분 후 걸러낸다.

225 Flambé [플랑베]

프렌치 레스토랑에서 세프드랑(접객 서비스 직원)이 고객 앞에서 직접 음식을 조리하는 것을 말한다. 고객 앞에서 증류주를 이용하여 음식에 불꽃이 붙게 연출함으로써 식욕을 증진시키고 화려함을 증가시키는 효과를 얻을 수 있다.

그림 127 Flambé 서비스

226 Float [플로트 : 띄우기]

술의 비중의 차이를 이용하여 한 가지 술에 다른 술이 섞이지 않고 그대로
분리되는 형태로 띄워질 수 있도록 위에 얹는 방식의 칵테일 조주방법이다.

그림 128 Float 방식 조주 칵테일(테킬라선라이즈)

227 Foie Gras [푸아그라 : 거위간 요리]

거의 간(Goose Liver)으로 만든 전채요리(Appetizer) 요리 종류 중 하나이
다. 캐비아(Caviar : 철갑 상어알 요리)와 송로버섯 요리(Truffle)와 함께
세계 3대 전채요리로 꼽힐 정도로 매우 유명한 요리 중 하나이다.

228 Folding Table [폴딩 테이블 : 파티용 접이식 테이블]

연회서비스(Catering service)에서 사용되는 테이블로 여러 개의 테이블을
이어서 사용하기 편리하도록 만들어졌다. 다리 부분이 접히게 되어 있다.

229 Food Cost Control [식음료 원가관리]

요리가 품질, 제공되는 양에 맞게 제조, 판매될 수 있도록 함으로써 최대의 수익을 낼 수 있도록 하기 위한 원가관리 활동이다.

230 Food Cover [푸드 커버]

고객에게 음식이 제공되는 서비스 단위를 말한다.

231 Food Service Station [서비스 담당구역]

레스토랑에서 테이블 수와 구역에 따라 서비스를 제공하는 직원의 서비스 책임 구역을 나누어 운영하는 것을 의미한다.

232 Fortified Wine [폴티파이드 와인: 주정 강화 와인]

- 일반 와인보다 알코올 도수를 높여 만든 와인으로, 와인에 브랜디를 첨가해 만든다. 이때 사용되는 브랜디는 반드시 포도로 만든 술을 증류한 것이어야 한다. 과거 배를 타고 수출되는 와인의 보존성을 높이기 위해 브랜디를 첨가하면서 만들어지기 시작했다. 주정 강화 와인은 대부분 알코올 발효 중간에 브랜디를 첨가해 포도즙의 당분이 남아 단맛이 도는 와인들이 많다.
- 세계적으로 유명한 주정 강화 와인으로는 포르투갈의 포트(Port), 마데리아(Maderia), 스페인의 셰리(Sherry), 프랑스의 뱅 두 나투렐(Vin Doux Naturel), 이탈리아의 마르살라(Marsala) 등이 있다. 그중에서도 포르투갈의 포트와 스페인의 셰리가 대표적이다.

233 French Dressing [프렌치 드레싱]

올리브유, 식초, 소금, 향료 등으로 만드는 샐러드 드레싱이다.

234 French Service [프렌치 서비스]

고객에게 음식을 서비스하는 방식의 하나로 고객 앞에서 숙련된 서비스를 할 수 있는 직원이 세련된 솜씨로 직접 간단한 음식을 만들어주기도 하며, 주방에서 조리된 음식을 은쟁반(Silver Platter)에 담아 고객에게 보여준 뒤 1인분씩 접시에 담아서 제공하기도 한다. 시간적으로 여유가 있으며 대화를 즐기며 식사를 하고자 하는 사람들에게 제공되는 전형적인 우아한 음식 서비스 방식이다.

235 French Toast [프렌치 토스트]

조식에 제공되는 빵 종류 중 하나이며, 달걀과 우유를 섞은 물에 빵을 담근 후 구워서 제공되는 빵이다.

그림 129 French Toast

236 Fried Eggs [프라이 에그]

달걀요리 종류 중 하나로 프라이팬에 달걀을 터트려 기름에 익힌 요리이다. 달걀을 익히는 정도에 따라 Soft, Medium, Hard로 구분된다. 또한, 뒤집기 여부에 따라서는 Sunny Side-Up, Over Easy, Over Hard로 구분된다.

● **Sunny Side-Up** : 달걀을 한쪽만 흰자만 익히는 것으로 노른자가 해가 뜨는 모양처럼 보인다.

● **Over Easy** : 달걀을 한쪽이 살짝 익으면 뒤집어 다른 한쪽을 익히되, 흰자만 살짝 익히는 방법이다.

● **Over Hard** : 달걀을 양쪽 다 노른자까지 익히는 방법이다.

그림 130　Fried Egg(Sunny Side Up)

237　Frying [프라잉]

뜨거운 기름에 튀기는 조리법이다. 소량의 기름으로 요리하는 경우는 Pan Frying이라고 하며 기름을 많이 넣고 조리하는 경우는 Deep-Pan Frying 이라고 한다.

238　Function Room [펑션룸 : 행사장, 연회장] : Banquet Room

파티나 회의를 하면서 식음료를 같이 판매하기 위해 가변시설을 갖춘 곳 으로 연회장(Banquet Room)이라고도 한다. 최근에는 다양한 형태의 연회 행사가 늘어나게 되면서 행사장에 대한 중요성이 증가하고 있다.

그림 131　Function Room(콘래드서울호텔 Grand Ballroom)

239　Function Sheet [펑션 시트 : 행사지시서] : Event Order

연회서비스나 행사를 진행하는 데 있어서 연회의 성격 및 목적, 참석인원, 식음료 단가, 테이블 플랜, 서비스 형태, 메뉴 형태, 지급 관계와 선수금 확인, 음향장비 및 세미나 장비확인, 외부 발주물 확인 등 연회행사 준비에 필요한 종합적인 상황준비보고서이다. 이것은 연회예약부서에서 작성 후 호텔의 전 부서(조리팀, 시설부, 연회서비스부서, 객실부 등)에 보내 차질 없이 연회행사를 진행할 수 있도록 돕는 역할을 한다.

240 Gala and Festival Menu [축제기념 메뉴]

축제일이나 특정 국가 및 특정 지역의 기념일을 위하여 개발한 메뉴를 말한다. 호텔연회장 서비스를 통해서 평소에 제공되는 연회메뉴와 다르게 이러한 형태의 축제 기념 메뉴를 개발하는 경우가 종종 있다.

241 Garde Manager [가르드망제]

- 호텔 주방은 다루는 음식의 종류에 따라 구분되어 운영되는데 그중에서 차가운 음식의 조리를 다루는 콜드 키친(Cold Kitchen)을 담당하면서 소속 근무 직원들을 관리하는 역할을 하는 사람을 가리킨다.
- 차가운 음식에 대한 조리를 지휘하고, 해산물 샐러드, 샐러드 드레싱, 카나페 샌드위치, 기타 뷔페에 제공되는 차가운 음식을 준비한다.

242 Garden Party [가든파티]

호텔연회의 한 형태로 실내 연회장에서 개최되는 형태와 다르게 호텔건물 외부 정원에서 진행되는 파티형태를 말한다. 각종 축하연, 결혼식 등이 주로 개최되며 참석자들이 주로 서서 돌아다니면서 파티 음식을 먹고 대화를 나누는 형태로 Standing Party라고 할 수 있다. 연회장 한쪽에 음식을 준비해놓고 각자 자유롭게 먹고 싶은 음식을 선택해 가져다가 먹을 수 있도록 진행된다.

그림 132 Garden Party

243 Garnish [가니시 : 요리에 곁들이는 것]

요리를 접시에 담는 과정에서 보기 좋고, 영양소의 조화를 위해 채소 등으로 장식을 하면서 곁들이는 것을 말한다.

244 Gin [진]

- 진은 호밀(옥수수, 대맥 등) 등의 여러 가지 곡류를 당화시켜 발효한 다음 단식 증류기로 2회 증류하고 두송열매(Juniper Berry : 주니퍼베리)의 향료를 착향시켜 만든 술이다.

- 주니퍼베리 이외의 다른 과실로 향미를 첨가한 진을 'Flovored Gin'이라고 하며, 진 앞에 과실이름을 붙인다.

- 색이 없으며 어느 술과도 잘 어울리기 때문에 칵테일 조주 시 가장 많이 사용되는 기주(基酒)이다.

- 알코올 도수는 약 40~45도이다.

- 원산지는 네덜란드(Holland)이며, 일명 제네바 진(Geneva Gin)이라고 부르는 네덜란드 진(Holland Gin)이 있으며, 영국의 런던 드라이 진(London Dry Gin)이 세계적으로 유명하다.

- 마티니(Martini Gin+Vermouth+Olive)와 진토닉(Gin & Tonic)은 세계적으로 유명한 칵테일이다.

그림 133 Gin

245 Ginger Ale [진저엘]

주로 칵테일 조주 시 많이 사용되는 청량음료이다. 생강으로 만든 청량음료이며 생강의 향기를 나게 한 소다수에다 구연산, 기타 향신료를 섞어 캐러멜 색소에 착색한 청량음료이다.

246 Glass Rack [글라스 랙]

유리로 된 글라스를 안전하게 보관하기 위한 칸막이 형태의 상자이다. 글라스 세척 시와 세척 후 보관 시 사용하기에 편리하다. 글라스 크기에 따라 꽂을 수 있는 구멍의 크기는 다양하지만(16, 24, 30구 랙 등이 있음) 전체적인 상자 크기는 동일하여 위로 높이 쌓아 올려 보관할 수 있어 공간 활용에 용이하다.

247 Glass Ware [글라스 웨어]

식음료 서비스에 사용되는 기물 중에서 유리로 만든 식기 종류를 말한다. 음료의 종류에 따라서 다양한 종류와 크기의 글라스 웨어를 사용한다.

그림 134 Glass Ware

248 Glazing [글레이징]

설탕이나 버터, 육즙 등을 조려서 음식 재료에 코팅하는 조리방법이다.
채소를 조리하는 데 많이 사용된다.

249 Goblet [고블릿 : 물잔]

레스토랑에서 주로 물컵으로 사용되는 글라스웨어 중 하나이다. 글라스
아랫부분에 짧고 굵은 목 부분(Stem)이 있는 것이 특징이다.

그림 135 Goblet

250 Goulash [굴라시] : Hungarian Goulash

고기와 채소(파프리카)로 만든 매콤한 맛을 가진 스튜(Stew) 형태의 헝가리
대표적인 전통음식이다.

그림 136 Goulash

251 Grace [그레이스]

설탕을 오랜 시간 졸여 글라스처럼 투명한 형태로 보이도록 만드는 조리
법이다.

252 Great Wine [그레이트 와인]

와인 중에서 15년 이상 저장하여 50년 이내에 마시는 것을 말한다. 와인
병마개인 코르크 마개의 수명이 25~30년 정도이므로 그레이트 와인의 경
우는 25년 정도 되었을 때 코르크 마개를 교체해주어야 한다.

253 Greetress [그리트리스] : Greeter, Receptionist

레스토랑 입구에서 고객을 영접하고 예약내용을 확인해주며 고객의 테이
블로 안내를 하여 착석을 돕는 여직원을 말한다.

254 Group Coordinator [그룹 코디네이터]

연회판촉부서에 속하며 단체고객의 숙박 등록, 객실 배정, 식사시간, 식사
장소, 식사요금, 행사장 등의 제반 사항을 확인하고 처리하는 담당자를 말
한다. 또한, 단체행사 예약접수를 돕고 관련 부서에 행사 관련 사항을 확
인하고 조정하는 등 행사 관련 제반 업무를 예약부터 행사 종료 시까지 총
괄 담당하는 직원이다.

255 Guarantee [개런티 : 보증]

연회부서에서의 Guarantee란 해당 연회행사 참여자 숫자에 있어서 최소한
의 참여 인원을 정함으로서 당일에 해당 숫자보다 적은 인원이 참석하더
라도 준비한 식재료 등의 손해를 면할 수 있도록 하는 것이다. 보증된 연
회 참석자 인원보다 통상 5~10% 정도에 대한 음식을 추가로 준비하는 것
이 일반적이며, 당일 실제 참석한 인원이 보증인원을 초과하게 되면 실제
참석한 인원수만큼 지급해야 한다.

256 Guéridon [게리동] : Wagon, Trolley

프렌치 서비스와 같이 최고급 서비스를 제공하는 데 활용되는 수레를 말한다. 바퀴가 달려있으며 간단한 요리를 할 수 있는 도구가 장착되어 있다. 주로 프랑스 레스토랑에서 사용한다. 게리동을 활용하기 위해서는 레스토랑의 테이블 간격이 넓어 움직일 수 있는 충분한 공간이 확보되어야만 한다.

257 Guest Check [고객청구서] : Check

식음료 업장에서 고객이 주문한 내용에 대해 최종 지불해야 하는 금액이 표기된 전표를 말한다. 직원의 주문전표(Order Slip)를 Guest Check로 병행하여 사용하는 경우도 있다.

258 Head Waiter [헤드웨이터 : 조장] : Captain, Chef de Rang

레스토랑에서 구역(Station)의 근무조 조장이다. 2~3명의 웨이터와 같이 자신이 담당하는 구역의 테이블 서비스를 책임지고 고객의 불평이 발생할 때 문제를 해결하는 역할을 담당한다. 프랑스 레스토랑에서는 Chef de Rang이라고 부른다.

259 High Ball Glass [하이볼 글라스]

원기둥 모양을 하고 있으며 Tom Collins Glass보다는 작지만, 모양은 비슷하다. 용량으로는 5~9oz 정도가 들어간다. 칵테일을 담는 데 사용한다.

그림 137 High Ball Glass

260 Hollow Square [공백 사각형 배열] : Square shape

- 연회행사에서 테이블 배치를 하는 방법의 하나로 가운데 빈 공간을 두고 사각형으로 테이블을 붙여 배열하는 것이다. 가운데 빈 공간 쪽은 입구가 없으므로 좌석은 테이블 바깥쪽으로만 배치해야 한다.
- 테이블에는 드레이프스(Drapes)를 붙여서 자리에 앉은 사람들의 다리가 보이지 않도록 한다.
- 모든 참석자가 같은 테이블에 앉을 수 있는 장점은 있지만, 화상회의나 전면에서 프로젝터를 활용한 발표가 진행되는 경우에는 화면이 보이지 않는 사각지대가 생기기 때문에 좌석을 모두 활용하지 못한다는 단점이 있다.

그림 138　Hollow Square

261 Hors d'oeuvre [오르되브르 : 전채요리] : Appetizer

- 식사 전 신맛이나 짠맛을 가진 음식을 소량 섭취하여 식욕을 촉진하기 위해 먹는 요리를 말한다. 프랑스어로 Hors는 '앞에, 전에'라는 의미이며, Oeuvre는 '식사'를 의미한다.
- 오르되브르는 보통 계절의 특성을 살리고 풍미를 살리며, 그 지역의 특산물을 활용하여 특색 있게 요리하여 식사 전 고객의 이목을 집중시키는 역할을 하기도 한다.
- 오르되브르와 함께 마시는 술을 식전주(Aperitif)라고 한다.

- 세계 3대 전채요리로는 철갑상어알(Caviar), 송로버섯(Truffle), 거위간(Foie Gras)이 있다.

그림 139   좌측부터 Caviar, Truffle, Foie Gras 요리

262   Horse Shoe [말발굽 좌석형 배열] : U-shape

- 연회행사 테이블 배치를 하는 방법의 하나로 U자 모양으로 배치하는 방법이다.
- 양쪽 꺾이는 부분에는 쿼터라운드 테이블(Quater round table, ¼ 라운드 테이블)을 놓아 테이블이 U자형으로 이어지도록 한다.

263   Horseradish [호스래디시 : 겨자무, 고추냉이]

겨자과에 속하는 서양의 고추냉이(와사비)로 특이한 향과 톡 쏘는 매운맛이 있다. 유럽 동남부가 원산지이며, 독일인과 덴마크인들은 생선과 함께 호스래디시를 즐겨 먹는다고 한다. 훈제연어 요리에 함께 쓰인다.

그림 140   Horseradish

264   Horseradish Sauce [고추냉이 소스]

고추냉이와 식초, 빵가루를 혼합한 후 설탕, 소금, 후추로 양념하고 휘핑크림과 섞으면 훈제연어요리에 곁들여 먹는 고추냉이 소스가 된다.

Chapter 8

식음료 및 조리부문 용어

265 Hot Souffle [핫 수플레]

수플레는 달걀노른자를 기본으로 만든 소스나 거품을 낸 달걀흰자 위에 우유를 섞어 만든 후 오븐에 넣어 구워 만드는 디저트음식이다.

그림 141 Hot Souffle

266 Ice Bucket [아이스 버킷 : 얼음 담는 통] : Ice Box

주류 제공 시 사용하는 얼음을 담는 통을 말한다. 호텔 음료업장에서도 사용하지만 호텔 내 객실에도 미니바에 Ice Bucket을 제공하기도 한다. 객실 내에서 얼음이 필요한 경우는 Room service 부서에 요청하면 무료로 제공하고 있다.

그림 142 Ice Bucket

267 Ice Carving [아이스카빙, 얼음조각상]

얼음조각상은 주로 호텔 연회장 행사에서 행사장의 분위기를 고급스럽게
연출하기 위해 장식하는 장식품이다.

그림 143 Ice Carving

268 Ice Pick [얼음 깨는 송곳]

끝이 뾰족한 모양의 송곳으로 얼음을 잘게 깰 때 사용한다.

269 Ice Tong [얼음 집게]

얼음을 집기 위한 집게이며 집게 끝부분에 톱니처럼 날카롭게 만들어져
있어 얼음이 미끄러지지 않고 잡히도록 되어 있다.

그림 144 Ice Tong

270　Icing [아이싱]

디저트류(케이크 등) 표면에 바르는 투명한 설탕물을 얼음처럼 입히는 것이다.

그림 145　Icing 처리한 도넛들

271　Irish Coffee [아이리시 커피]

커피에 아일랜드산 위스키를 넣어 만드는 커피로 몸을 따뜻하게 해주는 칵테일 커피이다. 만드는 방법은 커피 글라스 둘레(Rim)에 레몬즙을 바르고 설탕으로 Rim을 하여 컵에 설탕을 넣은 후 아이리시 위스키를 넣고 커피를 그 위에 붓고 휘핑크림(생크림)을 얹어 만든다.

그림 146　Irish Coffee

272　Italian Dressing [이탈리안 드레싱]

올리브오일, 셰리와인 식초, 백포도주, 양파즙, 레몬즙, 다진 홍피망, 다진 마늘, 오레가노(Oregano), 바질(Basil), 파슬리, 소금, 후추 등의 재료로 만드는 샐러드 드레싱의 일종이다.

273 Item Void [아이템 보이드 : 항목 취소]

고객이 주문한 항목이 서비스 과정에서 변경되는 것을 의미한다. 이는 고객이 변경 또는 취소를 원하는 경우 혹은 직원이 실수로 메뉴 이름이나 수량 등을 잘못 입력한 경우 등에 발생한다.

274 Jar [자]

입구가 넓게 만들어진 단지 모양의 항아리를 말한다.

그림 147　Jar

275 Jigger [지거] : Measure cup

칵테일을 만들 때 음료의 양을 측정하기 위해 사용하는 일종의 계량컵이다. 보통 30ml(1oz), 45ml(1.5oz)를 잴 수 있는 삼각형 깔때기 모양의 작은 컵이 서로 등을 맞대고 붙어 있는 모습을 하고 있다.

그림 148　Jigger

276 Jug [저그]

입구가 넓고 손잡이가 달린 주전자, 단지, 항아리를 말한다.

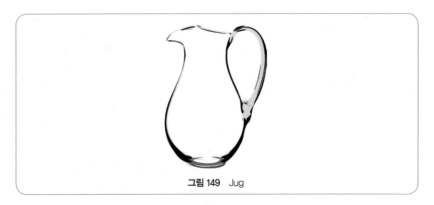

그림 149 Jug

277 Junk Food [정크푸드] : Fast Food, Instant Food

칼로리 높고 필수영양소가 부족해 영양가는 낮은 가공식품 종류의 음식을 뜻한다. 가령, 햄버거, 피자, 스낵, 탄산음료 등의 패스트푸드가 이에 속한다.

278 KAHLUA [칼루아]

- 멕시코 베리크루스(Veracruz) 지역에서 생산되는 커피 리큐르이다.
- 더 앱솔루트 컴퍼니의 등록상표 이름이며, 색은 담갈색을 띤다.
- 100% 멕시코산 최고급 아라비카 커피원두와 최상급 럼(사탕수수의 혼합으로 만들어진 증류주)에 바닐라와 캐러멜을 블렌딩하여 특별한 맛을 낸다.

279 Kebob [케밥]

터키의 대표 음식이며 꼬챙이에 채소, 생선, 고기, 닭 등을 양념하여 꽂아 불에 구워 사프란 라이스 등과 함께 먹는 요리이다. 중동 및 중앙아시아, 지중해 지역의 전통음식이기도 하다.

그림 150 Kebob

280 Kinish [키니쉬]

유대인(아슈케나즈 유대인 : Ashkenazi Jewish – 독일을 중심으로 한 유럽
지역에 거주하던 유대인 그룹) 전통음식으로 감자, 소고기 등을 밀가루 반
죽으로 싸서 굽거나 튀긴 요리이다.

281 Kuchen [쿠헨]

건포도와 같은 건과일을 넣어 구운 독일식 과자(케이크)이다.

그림 151 Kuchen

282 Kumquat [쿰쿠아트 : 금귤]

올리브와 유사한 모양과 크기를 가진 감귤류의 과일이다. 아주 작은 오렌
지와 비슷하게 생겼다.

그림 152 Kumquat

283 Lager beer [라거 비어]

제조과정에서 발효균을 살균하여 병에 넣은 맥주이다.

284 Lake trout [레이크 트라우트 : 호주산 연어, 연못 송어]

연어과. 알을 낳기 위해 강을 거슬러 올라가는 이주성 물고기이다.

285 Lamb [램 : 양고기]

1년 이하의 어린 양고기는 램(Lamb), 1년 이상의 양고기는 머튼(Mutton)으로 분류한다.

286 Lamb chop [램 찹]

1년 이하의 양고기 로스 부분을 얇게 잘라서 적포도주, 양파, 셀러리, 올리브유로 잰 후 고기를 소테(Saute : 살짝 튀긴 고기 요리)한 다음 백포도주로 조리해서 둥글게 썰어 놓는다.

287 Lasagna [라자냐]

치즈, 토마토 소스, 파스타, 저민 고기 따위로 만든 이탈리아 요리이다.

그림 153   Lasagna

288   Light beer [라이트 비어]

Low alcoholic beer와 Low caloric beer로 구분한다.

- **Low alcoholic beer** : 원맥즙의 당도를 낮게 하여 알코올 함량이 1.8~ 2도 정도이다.
- **Low caloric beer** : 맥주의 당도를 낮게 하여 맥주 칼로리를 낮게 한 맥주이다.

289   Light whisky [라이트 위스키]

알코올 함량이 적고 향기가 순한 미국산 위스키이다.

290   Liquor [리큐어 : 술]

모든 알코올류의 총칭이다.

- **[참고]** Liqueur [리큐르 : 혼성주]

291   Lost bill [로스트 빌 : 분실계산서]

식음료계산서 처리 시 등록되지 않고 사용 중 관리 부실로 분실된 계산서 를 말한다.

292 Lounge [라운지]

고객의 휴게실과 만남의 장소이자 커피, 칵테일, 술 종류 등의 서브와 여흥 제공을 하는 장소이기도 하다. 호텔 라운지에서는 라이브 연주 및 가수의 노래와 춤, 공연 등이 행해지면서 호텔 내 고객들에게 즐거움을 선사하기도 한다.

그림 154 롯데호텔서울 라운지&바

293 Lunch counter [런치 카운터]

카운터를 식탁으로 대신 준비하여 놓고 고객은 카운터에 앉아서 직접 주문하여 먹는 식당으로 고객은 직접 조리과정을 볼 수 있어 기다리는 시간의 지루함을 덜어줄 수 있는 식당이다.

294 Luncheon [런치언 : 오찬] : Lunch의 Formal한 표현

공식적인 오찬(점심식사를 포함한) 행사를 뜻한다.

295 Macaroni [마카로니]

이탈리아 음식 파스타의 일종으로 대표적인 soft pasta이다.

그림 155 Macaroni

296 Macaroni Cheese [마카로니 치즈]

마카로니에 치즈 가루를 뿌리고 구운 요리이다.

297 Macaron [마카롱]

달걀흰자, 아몬드, 설탕으로 만든 고급 쿠키. 철판 위에서 파이핑하여
구워내며 아몬드 대신 헤이즐넛이나 땅콩을 넣기도 한다.

그림 156 Macaron

298 Madeleine [마들렌]

프랑스의 오래된 과자 중 하나로 프랑스 로렌 지방에서 처음 만들어져 18
세기에는 베르사유에서부터 파리까지 유행했으며 금세기 전 세계의 버터
케이크가 되었다.

그림 157   Madeleine

299   Maigre [메그르]

고기가 들어 있지 않은 음식이나 기름기가 없는 고기를 의미한다.

300   Main dish [메인 디시] : Entree

주요리(Main course) 식사 단계 중 가장 으뜸이 되는 요리이다. 일명 앙트
레(Entree)라고 부른다.

301   Main kitchen [메인 키친]

- 호텔에서 음식을 조리 생산하는 곳이며, 요리의 기본과정을 준비하여
  영업주방(양식주방, 커피숍 등)을 지원하는 호텔의 가장 중심주방이다.
- Banquet, Catering 등을 관리하여 각 업장에서 필요로 하는 음식, 가
  공식품 등을 준비하여 공급하기도 한다.
- 메인 주방은 조리하는 음식의 특성에 따라 Hot kitchen(주로 뜨거운
  음식을 조리하는 곳, 육류, 생선, 소스, 수프) 및 Cold kitchen(주로
  찬 음식 : 전채요리, 가공식품, 채소 등)으로 구분한다.
- 기능을 중심으로 음식을 생산하는 조리구역(Cooking area), 식기류
  세척구역(Pot wash area), 세척장(Washer area)으로 구분하기도 한다.

302 Marble Cake [마블 케이크 : 대리석 케이크]

흰색과 검은색의 반죽을 엇갈리게 넣어 대리석의 자연무늬와 비슷한 모양
이 되도록 하는 것이다.

그림 158 Marble Cake

303 Marbling [마블링 : 근내지방도]

고기가 근육 섬유질이 늘어날 때 약간의 수분과 살코기의 단백질이 지방
으로 변하는 것이다. 근육 내 육류를 연하게 하고 육즙이 많게 하는 지방
이 얼마나 분포하는지를 말한다. 근육 내 마블링이 골고루 있으면 근육
조직이 연해져 고기 맛이 부드럽고 좋아지기 때문에 마블링이 높을수록
높은 등급으로 결정된다.

304 Marinade [마리네이드]

고기, 생선, 채소 등을 요리하기 전에 와인, 올리브유, 식초, 과일주스, 향
신료 등에 절여 놓는 것이다.

305 Marmalade [마멀레이드]

신선한 오렌지나 레몬 종류의 껍질과 속을 같이 설탕에 절인 것인데, 조식
때 토스트에 발라 먹는다.

그림 159 Marmalade

306 Marsala [마르살라]

이탈리아의 시실리 섬의 마르살라에서 생산되는 흰포도주를 말한다.

307 Mashed Potato [메시드 포테이토]

삶아서 으깬 감자와 버터, 우유를 섞어서 만든 음식이다.

그림 160 Mashed Potato

308 Masking [마스킹]

케이크시트에 잼, 크림, 버터 등을 바르고 호두, 잣, 건포도, 초콜릿 썰은 것 등으로 케이크 전부를 뒤덮는 것을 말한다.

309 Meal Coupon [밀 쿠폰 : 식권] : Meal ticket

단체 고객 중 인원수가 적은 단체나 관광일정, 행사일정 등이 여유가 있는 단체는 식권을 발행하여 개개인이 원하는 시간이나 취향에 맞는 식사를 자유롭게 선택하여 즐길 수 있도록 한다.

310 Meat Grading [육류등급] : USDA Quality Grades for Beef

미국산 소고기 품질등급은 품질등급(Quality Grade)과 수율등급(Yield Grade)으로 구분된다. 미국 농무부(USDA : U.S. Department of Agriculture)의 규정에 따라 크게 마블링(Marbling)과 성숙도(Maturity: A~E 총 5단계, 소의 나이와 관련이 있으며 A등급이 가장 높은 단계이며 '성숙도가 낮다'고 표현한다. 즉, 소의 나이가 적다를 의미함)로 결정되어 총 8가지(Prime, Choice, Select, Standard, Commercial, Utility, Cutter, Canner) 등급이 있다. 그중 Prime이 가장 높은 등급이다. 이 중에서 우리나라에 수입되는 미국산 소고기의 대부분은 상급 등급인 'Prime, Choice, Select'이다. 이러한 등급은 의무적으로 반드시 받아야 하는 검역과 달리 반드시 받아야 하는 것은 아니다. 등급별 구분은 다음과 같다.

- **Prime** : 최상급 등급, 전체 생산량 중 5~8% 소량만 생산된다. 미국 농무부(USDA)가 마블링과 성숙도를 기준으로 마블링 8~11% 이상 (마블링 '풍부', '적당히 풍부', '약간 풍부'), 성숙도 'A', 'B' 등급판정을 받은 경우 Prime 등급이 된다. 호텔에서 사용되며, 양이 제한되어 생산되며 맛과 육즙이 뛰어나다.

- **Choice** : 프라임보다 지방질이 적으나 좋은 조직 그물을 가지고 있어 호텔에서 가장 널리 사용하고 소비량도 가장 많다. 마블링이 8~11% 이상(마블링 '적당', '보통', '소량'), 성숙도 'A', 'B' 등급판정을 받은 경우에 해당한다.

- **Select** : 마블링이 '미량', 성숙도 'A', 'B' 등급판정을 받은 경우에 해당한다.

- **Standard** : 지방 함량이 적고 맛이 약간 떨어지며 일반 식당용으로 널리 이용된다.

- **Commercial** : 성숙한 동물에서 많이 생산되며 천천히 오래 삶고 익히는 것이 요구된다.

- Utility, Cutter, Canner : 마블링이 '거의 없음'과 성숙도 'E' 등급판정을 받았을 경우에 해당한다. 앞의 등급보다 맛과 질이 떨어지며 일반적으로 가공하거나 기계에 갈아서 이용된다.

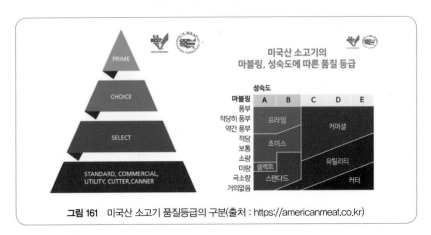

그림 161 미국산 소고기 품질등급의 구분(출처 : https://americanmeat.co.kr)

그림 162 미국산 소고기 품질등급마크(출처 : 미국육류수출협회)

311 Meat Tenderizing Process [육류 연화과정]

도살 직후 근육의 섬유질이 경직되는 과정에서 단단해지므로 고기를 부드럽게 하려고 고기를 뼈와 함께 냉장고에 20일 정도 걸어 두는 것을 말한다.

312 Medium [미디엄]

육류요리의 굽기 정도를 뜻하는 말로 중간으로 알맞게 익힌 요리를 말한다.

313 Medium Rare [미디엄 레어]

육류요리의 굽기 정도를 뜻하는 말로 Rare보다는 좀 더 익히며 Medium보다는 좀 덜 익힌 것을 말한다.

314 **Medium Roasting [미디엄 로스팅]**

커피콩을 중간으로 볶는 것을 말한다. 향기와 맛, 빛깔이 좋아서 부드러운 맛을 느낄 수 있는 것이 특징이다.

315 **Medium Well-Done [미디엄 웰던]**

육류요리의 굽기 정도를 뜻하는 말로 자르면 가운데 부분에만 약간 붉은 색이 보이도록 거의 익히는 것을 말한다.

316 **Melting [멜팅]**

열을 가하여 용해하는 것을 말한다.

317 **Menu Tent Card [메뉴 텐트 카드]**

천막식으로 접어서 식탁에 세워 높은 메뉴 카드를 말한다.

318 **Meringue [머랭]**

설탕과 달걀흰자 위를 살짝 구워 만든 껍질에 크림을 넣은 과자를 말한다.

그림 163 Meringue

319 **Mignon [미뇽]**

쇠고기의 안심 끝부분을 스테이크용으로 토막 내서 베이컨을 감은 것으로 일반적으로 필레 미뇽(Filet Mignon)이라는 요리로 판매된다.

320 Mincing [민싱]

식품을 다져서 Grinding(음식물을 갈아 가루로 만듦)보다는 크고 Chopping
(칼이나 예리한 도구로 잘게 함)보다는 잘게 즉, 가늘고 잘게 다지는 것을
말한다.

321 Mincemeat [민스미트]

다진 고기에 사과, 건포도, 지방, 향료 등을 섞은 것을 말한다.

322 Minute Steak [미뉴트 스테이크]

짧은 시간에 요리되는 ½인치 두께의 작은 스테이크를 말한다.

323 Mise-en Place [미장 플라스 : 영업장 준비]

레스토랑에서 직원이 고객에게 음식을 제공하기 전까지 모든 사전 준비가
완벽해야 하는 것을 의미한다.

324 Mixing [믹싱]

두 개 이상의 요리 재료를 결합하여 섞는 것을 말한다.

325 Mixing Glass [믹싱 글라스] : Bar Glass

칵테일 조주 시 술을 섞기 위한 용도로 사용하는 글라스이다.

326 Mouse [무스]

달걀, 생크림, 설탕, 럼(Rum)을 혼합한 다음 글라스에 차갑게 한 것을 말
한다. 부재료에 따라 종류를 다양하게 할 수 있다.

327 Muddler [머들러]

휘젓는 막대를 말한다. 원래는 재료를 으깨거나 섞는 데 사용하는데 최근
에는 각양각색의 색깔을 가지고 칵테일 장식용으로 사용되고 있다.

328 Mueslie [뮤즐리]

통귀리와 기타 곡류, 생과일이나 말린 과일, 견과류 등을 혼합해 만든 아침 식사용 시리얼을 말한다. 주로 우유, 두유, 요구르트, 과일주스 등에 곁들여서 먹는다. 스위스의 대표적인 음식이다.

그림 164　Mueslie

329 Muffin [머핀]

흔히 과일 등이 들어 있는 컵 모양의 빵을 말한다.

그림 165　Muffin

330 Mug [머그]

글라스의 한 종류이며 손잡이가 달린 소형 맥주잔을 말한다.

331 Napery [네이퍼리] : Table Linen

식탁용 리넨류로서 테이블 클로스(Table cloth), 냅킨(Napkin) 등이 있다.

332 Napkin [냅킨]

냅킨의 치수는 50×50의 정도 크기로 된 리넨 종류 중 하나이다. 식사 중에 반으로 접어 무릎 위에 펴놓으며, 식사 중과 후에 입가를 가볍게 눌러 닦는 용도로 사용한다.

그림 166 Napkin

333 Neutral Spirits [뉴트럴 스피릿 : 중성 스피릿]

95도 이상의 순수 알코올로서 보통 다른 술과 섞어서 마신다.

334 Nut Cracker [호두 까는 기구]

보통 호두나 껍질이 딱딱한 것을 깨기 위한 집게이다. 음식에는 특히 바닷가재, 게 종류를 깨기 위해 사용된다.

그림 167 다양한 모양의 Nut Cracker

335 Nutritious Drink [영양음료]

건강에 도움을 줄 수 있는 영양성분이 많이 들어 있는 음료를 의미한다.
일반적으로 각종 주스류와 우유류가 있다.

336 Oatmeal [오트밀]

우유와 설탕을 섞어 아침에만 먹는 곡물요리(Cereal)의 일종으로 귀리가
주재료로 사용된다. 귀리를 볶아 거칠게 부수거나 납작하게 누른 것을 의
미하기도 하고, 이것으로 죽처럼 조리한 음식을 일컫는 말이기도 하다.

그림 168 Oatmeal

337 Oblong [오블롱 : 직사각형 모양]

영업장 세팅 마무리 단계에서 준비하는 꽃 수반의 모양으로 Round, Bud
Base 등이 있다.

338 Old Fashioned Glass [올드 패션드 글라스]

짧고 두꺼운 글라스로 아래보다는 위가 약간 넓은 것이 특징이며 용량은
4~6oz이다.

339 Old Wine [묵힌 와인] : Aged Wine

포도주를 만들어서 5~10년 혹은 15년 이내에 마시는 포도주를 의미한다.

340 Omelet [오믈렛]

달걀요리의 하나로 달걀을 깨뜨려 흰자와 노른자를 잘 섞은 후 프라이팬에 기름을 두르고 약한 불로 스크램블식으로 휘저어 타원형으로 말아서 제공하는데 고객의 기호에 따라서 오믈렛 안에 하나 또는 여러 가지 재료를 넣을 수 있다.

그림 169 Omelet

341 On the Rocks [온더락] : On the Ice Cubes

글라스에 얼음을 2~3개 넣어 그 위에 술을 따르면 마치 바위에 따르는 것처럼 보인다는 표현이다.

342 On the Table System [온 더 테이블 시스템]

레스토랑에서 웨이터, 웨이트리스가 고객으로부터 받은 주문에 대해 1조 3매의 계산서에 항목을 기록하여 직접 요금계산서를 발행하는 시스템 방식이다. 좌석 회전이 빠르고 고객의 착석시간이 대체로 짧으며 메뉴 수도 적고 고객에게 신속한 서비스를 제공하기 위한 레스토랑에서 주로 사용되고 있는 시스템이다.

343 One Waiter System [원 웨이터 시스템]

계절적으로 영업을 하는 계절식당에서 가장 많이 사용되는 시스템이다. 한 식당에 헤드 웨이터를 투고 그 밑에 한 명씩 정해진 웨이터가 스테이선에 근무하면서 직접 손님에게 식사와 음료를 주문받아 서비스하는 것이다. 비교적 능숙한 접객원으로서 모든 업무에 숙달하여야 한다.

344 Open Bar [오픈 바] : Paid Bar

결혼, 피로연 따위에서 음료에 대한 금액이 미리 지불되어 손님들에게 무료로 음료를 제공하는 바를 말한다.

345 Open Market Buying [공개시장 구입]

대부분의 식당에서는 특히 변질되기 쉬운 식품은 공개시장에서 구입한다. 이를 위하여 한 명 이상의 상인으로부터 받은 견적서를 가지고 품질과 서비스가 철저하고 가장 낮은 가격을 제시한 사람에게 주문하게 된다.

346 Orange Bitters [오렌지 비터즈]

칵테일이나 기타 드링크 조주 시에 사용되는 쓴쓰름하면서도 단맛 그리고 오렌지 향을 가진 착향제이다.

347 Orange Peel [오렌지 필 : 오렌지 껍질]

조리분야에서 오렌지 필은 설탕에 절인 오렌지 껍질을 말한다. 이것을 잘게 썰어 과일 케이크 반죽에 섞거나 가늘게 잘라 초콜릿 과자 속 충전물로 이용하는 등 제과에서 다양하게 사용되고 있다.

348 Order Pad System [오더 패드 시스템]

호텔의 고급식당이나 일반적인 전문식당 혹은 메뉴가 많고 풀코스 음식이 제공되는 식당에서는 일반적으로 추가 주문도 있으므로 주문을 직접 계산서에 기입하지 않고 고객의 주문을 웨이터나 웨이트리스가 주문서(Order Pad, Order Slip)에 기재하는 시스템으로 주문서와 계산서를 분리 처리하는 시스템을 말한다.

349 Order Slip [오더 슬립 : 주문서]

웨이터, 웨이트리스가 작성하는 식음료의 주문전표를 말한다.

350 Ordering System [오더링 시스템 : 자동 주문 시스템] : Auto Bill System

웨이터, 웨이트리스에게 주문하면 주문을 접수한 어느 위치에서도 Handy Terminal로 주문내용을 입력하면 Receiver를 통하여 주방과 식당 전산기기에 주문내용이 자동 전송처리 되는 시스템이다.

351 Ounce [온스 : 야드-파운드법의 질량, 부피의 단위] : oz

영미권에서 무게를 재는 단위(oz)이자 액체의 부피를 재는 단위(fl.oz.)이도 하다. 1oz의 중량은 4℃일 때 1파운드의 1/16로 28.35g이 된다. 약용 온스의 경우(부피를 표현할 때는) 1 fl.oz. = 28.413062㎖(영국) = 29.57353㎖(미국)에 해당한다.

352 Outlet Manager [식당부문의 업무 지배인]

식음료 부장의 하위직으로 업장 지배인을 말한다.

Chapter 9

식음료 및 조리부문 용어

353 Outside Catering [아웃사이드 케이터링 : 출장연회]

연회 주최자가 자신의 건물에서 연회를 베풀고자 하는 경우로 형태, 스타일, 규모가 다양하다. 즉, 결혼피로연, 생일잔치, 가족모임, 회사의 특별행사 등 다양한 형태의 행사가 이에 해당한다. 연회행사를 부득이하게 호텔 내의 연회장에서 하지 못하고 고객이 원하는 장소나 시간에 진행하는 행사로, 요리, 음료, 식기, 테이블 등 모든 호텔 기물을 고객이 원하는 장소에 운반하여 고객이 만족할 만한 연회행사를 하는 것이다.

354 Oval Plate [오벌 플레이트]

중간이 약간 들어간 타원형의 접시를 말한다.

355 Oval Shape [오벌 셰이프]

연회행사에서 테이블을 배치하는 형태 중 하나로 I형 테이블 모형과 비슷하게 배열하나, 양쪽에 Half Round를 붙여 사용하는 것을 말한다.

356 Over Easy [오버 이지]

달걀요리 명칭으로 앞뒤를 다 익히되 속은 완전히 익히지 않은 것이다.

357 Over Heat [오버 히트]

석쇠 위에 고기를 얹어 직접 열을 받게 하여 뒤집어 가며 굽는 요리법이다.

358 Pan-Broiling [팬 브로일링]

뜨거운 팬 위에 뚜껑을 덮지 않은 채 요리하는 방법이다.

359 Paning [패닝]

반죽을 밀고 말아서 성형하여 팬에 올려놓는 과정을 말한다.

360 Pantry room [팬트리 룸]

레스토랑 영업을 위한 모든 집기를 정리해 두는 방을 말한다.

361 Pantry Towel [팬트리 타월] : Cleaning Towel

식기를 닦는데 사용하는 타월이다.

362 Papillote-Paper [페퍼로트 : 기름종이] : Frill Paper

가금류나 생선류 등을 종이로 덮어 요리하여 서브할 때 장식의 종이로 모양 있게 내는 요리이다. Roast Chicken 등에 장식한 주름 종이 장식을 말한다.

363 Par Boiling [파 보일링]

물에 끓여 부분적으로 요리하고 다른 방법에 따라 완전히 요리하는 방법이다.

364 Par Stock [파 스톡]

바(Bar) 등 주류영업장에서 물품공급을 원활히 함으로써 신속한 서비스를 도모하기 위한 목적에서 일정 수량의 식료재고를 저장고에서 인출해서 업장의 진열대나 기타의 장소에 보관하고 필요한 때 사용하는 재고를 지칭한다.

365 Parmesan Cheese [파르메산 치즈]

전통 이태리 치즈로 대표적인 경질치즈이기 때문에 갈아서 사용한다.

그림 170 Parmesan Cheese

366 Pasteurization [패스처라이제이션]

파스퇴르가 발명한 살균방법으로 저온살균법을 말한다.

367 Pastry [페이스트리]

밀가루 반죽으로 만든 과자류이다. 만두, 파이 따위의 껍질을 의미하기도
한다.

그림 171 Pastry

368 Pastry Bag [페이스트리 백]

작은 끝부분이 금속조각이 부착된 원추형의 천으로 만든 가방으로 이것은
식품을 장식할 때 사용한다.

그림 172   Pastry Bag

369   Pate [파테]

고기나 간을 갈아 반죽하여 Double Boiling 하여 만든 것으로 식욕 촉진제로 많이 사용된다.

370   Peeling [필링]

껍질을 벗긴다는 뜻이다. 레몬이나 오렌지의 껍질을 벗겨 칵테일 조주 시에 글라스 장식을 하면서 향기를 내게 하기도 한다.

371   Pepper Mill [페퍼 밀]

식탁기물의 하나로 후춧가루를 만들기 위한 즉석 후추 분쇄기를 말한다.

그림 173   Pepper Mill

372   Petit Knife [작은 칼]

칵테일을 만들 때 또는 장식용 과일을 자르거나 간단한 오드볼을 만드는 데 사용하는 소형 칼을 말한다.

373 Pilsner [필스너]

길고 좁은 형태의 글라스를 말하며, 주로 맥주잔으로 사용된다.

374 Piquant [피컨트]

맛 따위가 얼얼한 뜻으로 향미를 곁들인 양념을 많이 가한 요리를 말한다.

375 Place Plate [플레이스 플레이트] : Service Plate, Show Plate

식탁 장식용 접시를 뜻하는 것이다.

376 Plain [플레인]

아무것도 가미하지 않은 음식이나 음료의 본래 그대로의 상태를 말한다.

377 Plain Eggs [플레인 에그] : Raw Eggs

익히지 않은 날달걀을 뜻한다.

378 Plate [플레이트]

보통 납작하고 둥근 접시를 말한다. 요리의 한 접시, 요리 1인분을 말한다.

379 Plate Service [플레이트 서비스]

양식을 제공하는 레스토랑에 있어서 보편적으로 행해지고 있는 서비스방식이다. 주방의 요리를 담은 플레이트를 웨이터, 웨이트리스가 손으로 들고 가서 손님 앞에 제공한다. 테이블 서비스 가운데서 가장 간소화된 서비스이며 신속한 서비스를 할 수 있다.

380 Plug [플러그 : 마개]

물이 내려가지 못하도록 막아주는 마개를 말한다.

381 Poaching [포칭]

원형을 상하게 하지 않은 채 뜨거운 물에서 중탕으로 데치는 달걀요리법이다.

382 Poached Egg [포치드 에그 : 수란]

노른자가 달걀 모양같이 터지지 않게 살짝 익힌 달걀요리를 말한다.

그림 174 Poached Egg

383 Poche [포셰]

끓는 액체에 넣어 데치거나 반죽하는 조리법이다.

384 Porridge [포리지]

곡물을 삶아서 죽으로 만들어 놓은 더운 간편식을 말한다. 반드시 더운 우유와 설탕을 곁들여 제공해야 한다.

385 Porter House Steak [포터 하우스 스테이크 : 허리 등심 스테이크]

허리 부분, 윗부분에 안심과 뼈를 같이 잘라낸 부위이다. 이 스테이크를 잘라낸 후 조그마하게 잘라낸 것을 본 스테이크(Bone Steak)라 한다.

386 Potluck Dinner [포트럭 디너] : Cooperating Party, Potluck Party

미국인들의 파티형태 중 하나로 파티 참석자가 각자 일품식사를 지참하여 한자리에 모여 다 같이 즐기는 파티를 말한다. 사적인 성격의 파티로서 서로의 친분이 두터운 사람들 간에 할 수 있는 파티이다.

387 Poulet [풀레] : Poultry

프랑스어로 닭, 칠면조, 오리 등 가금류의 통칭이다.

388 Poultry Stock [폴트리 스톡]

각종 가금류나 엽조류의 뼈나 날개목 다리를 채소 다발과 향료를 넣고 2~3시간 끓인 후 백포도주와 후추, 소금으로 양념하여 걸러내는 것이다.

389 Powder Sugar [파우더 슈거]

분당은 백사탕을 분쇄해서 미세한 결정을 만든 것이다.

390 Premium Beer [프리미엄 비어]

양질의 원료를 사용한 고급 맥주, 알코올 함량을 5% 정도 높인 맥주를 말한다.

391 Production Kitchen [프로덕션 키친 : 메인주방] : Main Kitchen

호텔의 다양한 주방 중에서 가장 규모가 크고 중심이 되는 메인주방을 말한다.

392 Pub Bar [펍 바] : Pub Restaurant Bar

대중적인 사교장이라는 의미가 있다. 호텔 산업에 있어서 펍의 형태는 호텔의 종합 사교 오락장으로 디스코텍, 생음악 라운지, 당구, 레스토랑, 다트 게임, 전자 오락 등을 즐길 수 있는 호텔의 레저 공간 장소로 이용되기도 한다.

393 Punch [펀치]

레몬즙, 설탕, 포도주 등의 혼합 음료를 말한다.

394 Rare [레어]

육류를 요리할 때 색감과 촉감으로써 그 익은 정도를 나타내는 용어의 하나이다. 완전 날고기를 따뜻하게 데우는 정도로만 아주 살짝 구워내는 것을 말한다.

395 Ravioli [라비올리]

이탈리아 만두로 저미서 양념한 고기를 얇은 가루 반죽에 싼 요리를 말한다.

그림 175 Ravioli

396 Ready Food [레디푸드]

간이음식의 한 형태로 식품을 데우거나 익혀서 먹을 수 있는 단계까지 처리, 준비된 식품으로 통조림 제품이나 냉동제품이 대부분이다. Ready to Cook과 Ready to Eat으로 구분된다.

397 Rechaud [레차우드] : Warming Stand

요리된 음식이 식지 않게 냄비나 접시를 올려놓은 뜨거운 쇠판 또는 데우는 기구를 말한다.

398 Recipe [레시피]

처방이나 제조법을 말하며 조리나 칵테일에 있어 재료 배합의 기준량과 만드는 순서를 포함한다.

399 Reduce [리듀스]

액을 농축시키기 위해 서서히 끓이는 것이다.

400 Reception Desk [리셉션 데스크]

일반적으로 고급 레스토랑의 입구에 놓여있는 단이 높은 책상으로서 주로 리셉셔니스트가 고객의 예약을 받거나 식당에 들어오는 예약 손님의 안내를 위해서 예약장부, 전화기, 고객명부 등을 비치하여 놓고 사용하는 것이다.

401 Refreshment Stand [리프레시먼트 스탠드]

주로 가벼운 식사를 미리 준비하여 진열해 놓고 고객의 요구대로 판매하며 고객은 즉석에서 구매해 사서 먹을 수 있는 식당을 말한다.

402 Refrigerated Storage [리프리지레이티드 스토리지 : 냉장창고]

과일, 채소, 가공식품, 제과, 유제품, 신선한 육류, 신선한 가금류, 생선과 어패류 등을 보관하기 위한 곳이다. 아이템별로 각각 분류하여 보관하는 것이 좋다.

403 Regular Sandwich [레귤러 샌드위치]

식사 대용, 간식용 또는 야외용으로 먹을 수 있는 순수한 샌드위치를 말한다.

404 Relief cook [릴리프 쿡]

주방 조리사들 중에서 비번 혹은 휴가로 결원이 생겼을 때 그 사람의 업무를 대행한 경험이 있는 조리사를 말한다.

405 Restaurant Cashier [레스토랑 캐셔] : Food & Beverage Cashier

레스토랑 업장에서 고객의 계산을 담당하는 직원을 말한다.

406 Restaurant Cashier's Report [레스토랑 캐셔 리포트]

식당 매출 수익 현황을 파악하기 위하여 식당 현금출납원이 작성하는 일일식당 영업보고서이다.

407 Restaurant Manager [레스토랑 지배인]

레스토랑의 식음료 캡틴이나 웨이터나 웨이트리스 등을 지휘, 감독하고 또한 레스토랑 전체의 서비스, 직원의 근무태도, 스케줄, 교육, 인사 및 고용 등을 관리 감독하는 사람이다.

408 Return Check [리턴 체크]

식당 경영상의 엄격한 전표통제를 위하여 사용하는 제도이다. 한번 쓰여진 전표는 재이용될 수 없도록 하는 것이다. 만약 고객에게 주어졌던 상품이 어떤 이유에서 주방이나 바로 되돌려 보내질 때 다른 새 전표를 발행해서 Return이란 표시를 하여 그 음식과 함께 보내진다. 이때 이 리턴 전표는 반드시 정당하다는 헤드 웨이터의 사인을 얻어야 한다.

409 Rib Steak [갈비 등심 스테이크]

소 등쪽에 있는 부위로서 두터우며 지방이 많은 것이 특징이다.

410 Risotto [리소토]

쌀에 치즈, 버섯, 사프란, 아스파라거스 따위를 넣어 만든 이탈리아 요리의 일종이다.

그림 176 Risotto

411 Roast [로스트]

숯불이나 직화열로 구워내는 것으로 요즘은 오븐에 굽는 요리를 뜻한다.

412 Roast Beef [로스트 비프]

쇠고기를 요리한 음식 중의 하나로 크게 자른 쇠고기 덩어리를 소금으로
만 양념을 하여 석쇠나 팬에 구운 것이다.

413 Rose Wine [로제 와인] : Pink Wine

분홍색 포도주로 양식 코스 중 어느 코스에도 잘 어울리는 식탁용 와인이다.

그림 177 Rose Wine

414 Round Table Shape [원형 테이블]

많은 인원을 수용하여 식사와 함께 제공하는 디너쇼나 패션쇼 등의 테이
블을 배치할 때 많이 쓰이며 테이블과 테이블의 간격은 3.3m 정도, 의자
와 의자 사이의 간격은 90cm 정도로 하고 양쪽 통로는 60cm 간격을 유지
하도록 한다.

그림 178 Round Table Shape Setting 모습

415 Rum [럼]

사탕수수를 원료로 하여 만든 증류주이다.

416 Rush Periods [러시 피어리어드]

일반적으로 다른 시간대보다 많은 고객들이 몰리는 때를 의미한다. 예를 들면 레스토랑에서 점심 시간대나 저녁 시간대가 된다.

417 Russian Service [러시안 서비스]

French Service와 혼동되기도 하지만 호텔이나 고급 레스토랑에서 폭넓게 사용되는 서비스 형태이다. 요리사가 준비된 음식을 주방에서 은쟁반에 올리면 웨이터가 그것을 고객에게 서비스하는 방식이다. 연회행사에 많이 이용되는 형태로 일정한 시간에 많은 인원을 서비스할 수 있다는 특징이 있다.

418 Sabra [사브러]

초콜릿 맛이 나는 이스라엘산 오렌지 리큐어를 의미한다.

419 Sachet [사셰]

향낭, 향료 주머니를 의미한다.

420 Saffron [사프란] : 학명-Crocus sativus (크로커스)

- 붓꽃과에 속하는 여러해살이풀이며 크로커스(Crocus)라고 부르는 꽃 중에서 향신료로 가공할 수 있는 것을 사프란 또는 사프론이라고 부른다. 우리나라에서는 섬유유연제 상표가 유명해지면서 사프란이 아닌 샤프란이라고 많이 부르기도 한다.

- 향신료로 쓰이는 사프론 꽃의 암술은 건조시켜 얻어내는데, 꽃 1대에 암술이 3개밖에 없어 생산량이 적으며 일일이 수작업으로 만들어야 하기 때문에 향신료 중에 단연 비싸다.

- 스페인과 북부 이탈리아에서는 쌀 요리의 착색(황금색) 및 착향에 주로 사용되고, 프랑스에서는 소스 재료로도 사용한다. 황색계통의 과자(예 : 스웨덴의 사프란 롤빵), 파에야(Paella : 스페인 요리)를 만들 때도 쓰이며 황금색과 향미를 가하는 데는 최고의 향료이다.

- 가격이 비싸서 사용이 어려운 경우는 강황이나 치자로 대체할 수 있으나 착색효과는 비슷하지만 사프란이 가진 특유의 향은 흉내 낼 수 없다.

- 암술과 수술 중에서는 암술의 품질이 우수하며, 수술은 노란색은 낼 수 있지만 향은 거의 없다.

그림 179 좌측부터 사프란 꽃, 암술, 암술 말린 것

그림 180 파에야(좌), 해산물 리소토(중), 사프란 롤빵(우)

421 Sage [세이지]

유럽 및 미국에서 재배되는 쑥(Salvia)의 일종으로서 건조시킨 Sage의 잎 부분을 사용한다. 이는 미국에서 가장 대중적인 향료로서 약간 쓴맛이 난다. 돼지고기, 소시지나 생선구이 등에 최적의 향료로 사용된다.

그림 181 Sage

422 Saint-Marcellin [생-마르슬랭]

우유나 염소젖을 원료로 사용하여 작은 원반 모양에 청회색 곰팡이가 껍질에 피어 있는 프랑스산 연질치즈를 의미한다.

423 Saint-Maure [생-모르]

막대 모양의 프랑스산 염소젖 치즈를 의미한다.

424 Salad [샐러드]

라틴어 Sal(소금)에서 유래된 말로서 싱싱한 채소를 주재료로 하여 소금을 가미한 채소요리라는 의미에서 오늘날에는 여러 종류의 채소, 과실, 생선, 육류, 조류 등을 주재료로 하여 여러 가지 특성의 드레싱(Dressing)과 함께 제공되는 요리라는 의미로 확장되었다.

425 Salamander [샐러맨더]

음식 내용물 위에서 불을 쬐여서 조리하는 조리 기구를 의미한다.

426 Salami [살라미]

돼지고기나 쇠고기를 원료로 레드와인과 진한 양념을 넣은 만든 이탈리아
식 훈제 소시지의 일종을 의미한다.

그림 182 Salami

427 Salisbury [살리스버리]

갈은 고기(Ground Beef), 빵가루, 그리고 우유 등에 양념하여 만들어 2cm
정도 두께와 넓이로 뭉친 고기를 의미한다.

428 Salmon [새먼 : 연어]

429 Salmon Caviar [새먼 캐비아]

태평양 연안에서 잡히는 연어의 알을 의미한다.

430 Salsa [살사]

이탈리아어로 소스(Sauce)라는 의미이다.

431 Salt and Pepper [솔트 앤 페퍼 : 소금과 후추] : Center Piece

소금과 후추를 넣은 병을 의미하며 식당에서 용기에 담아 테이블 중앙에
놓기 때문에 센터 피스(Center Piece)라고도 부른다.

그림 183 Salt and Pepper(Center Piece)

---

432 Samsoe [삼소]

중형의 원반형 또는 입방체로서 약간 작거나 중간 정도의 구멍이 있는 덴마크산 가온 압착한 경질치즈를 의미한다.

433 Sancerre [상세르]

원추의 꼭대기를 잘라낸 모양의 프랑스산 염소젖 치즈를 의미한다.

434 Sapsago Cheese [샙서고 치즈]

원추대형으로 흐린 연두색을 띠고 있는 스위스산 경질치즈를 의미하며 분말상태인 것을 버터와 섞어서 빵에 발라 먹는 것이 보편적이다.

435 Sardine [살딘 : 정어리]

단백질이 풍부하고 기름을 많이 함유하고 있는 청어과의 등푸른 생선을 의미한다.

그림 184 Sardine(정어리)

436 Sauce Boat [소스 보트]

테이블 서비스(Table Service)를 할 때 음식과 함께 나가는 소스를 담는 보트
모양의 용기를 의미한다.

그림 185 Sauce Boat

437 Saucer [소서 : 받침] : Underliner

볼(Bowl), 컵(Cup), 또는 핑거 볼(Finger Bowl) 등을 받치는 접시를 의미
한다.

그림 186 Saucer

438 Sauer Braten [사워 브라텐]

독일 남부에서 식초에 절인 쇠고기, 돼지고기 요리를 의미한다.

439 Sausage [소시지]

곱게 다진 고기에 양념과 채소를 섞은 송아지, 돼지 등의 창자 속에 넣고
삶아서 만든 음식을 의미한다.

그림 187 Sausage

440 Saute [소테]

고기나 채소의 표면조직을 익혀 내부의 영양분이 밖으로 흘러나오지 않도록 표면이 연한 육류의 간, 내장, 또는 채소를 약한 불에서 뜨겁게 달구어진 Pan(팬)에서 급히 익혀내는 조리방법을 의미한다.

441 Sauternes [소테른]

프랑스 보르도(Bordeaux) 지방의 지역으로서 세계적으로 유명한 Sweet White Wine을 생산하는 산지를 의미한다.

Chapter 10
식음료 및 조리부문 용어

442 Savory [세이버리]

'짭짤한'이라는 의미가 있으며, 식전, 식후의 짭짤한 맛이 나는 요리에 쓰이는 유럽이 원산지인 식물을 의미한다.

443 Savoy [사보이]

양배추의 일종을 의미한다.

그림 188 Savoy

444 Scalding [스콜딩]

비등점에 오르지 않게 가열하여 우유를 데우는 조리방법을 의미한다.

445 Scaling [스케일링 : 계량작업]

446 Scallop [스캘럽 : 가리비]

껍질은 넓으며, 뚜껑이 되는 부분은 붉고 평평하나 반대쪽은 움푹한 조개의 일종이다.

그림 189 Scallop

447 Scaloppine [스칼로피네]

송아지 다리 부분에서 잘라낸 작고 얇은 고기에 소금과 후추로 양념하여 밀가루를 뿌린 후 소테(Saute)하여 마드리아 소스(Madere Sauce)를 곁들이는 이탈리아 요리를 의미한다.

448 Scoop [스쿱]

설탕 또는 소맥분 등을 퍼내는 삽, 아이스크림을 푸는 기구, 또는 국자를 의미한다.

449 Scotch Whisky [스카치 위스키]

- 스코틀랜드의 토탄 맥아와 전통적인 단식 증류방법(Pot Stills)에 의하여 생산되어 최소 3년 이상 숙성한 80~86 proof로 수출되는 스코틀랜드 특산 위스키를 의미한다.
- 영국에서는 "위스키(whisky)"라고 하면, 특별한 언급이 없는 한 스카치 위스키를 가리킨다. 미국에서는 짧게 줄여 "스카치"라고도 불린다.
- 스카치위스키는 재료에 따라서 몰트위스키(몰트된 보리만을 가지고

전통적으로 단식 증류법, 팟 스틸로 증류함)와 그레인위스키(몰트되지 않은 보리 혹은 밀이나 옥수수 같은 다른 종류의 몰트되거나 몰트되지 않은 곡식류를 섞어 만듦)가 있다.

- **[참고]** 몰트(Malt)는 발아한 보리, 맥아를 의미한다.
- 대표적인 브랜드로는 발렌타인스, 시바스리갈, 조니워커, 커티샥, 저스테리니 & 브룩스 위스키(J&B) 등이 있다.

그림 190 대표적 스카치 위스키

450 Scrambled Eggs [스크램블 에그]

달걀, 우유, 소금, 후추 및 기타 조미료를 잘 휘저어서 프라이팬에 버터를 치고 달걀을 깨어 익는 대로 휘저으면서 볶아내는 요리를 의미한다.

그림 191 Scrambled Egg

451 Scrapple [스크래플]

잘게 저민 돼지고기, 채소, 옥수수 가루를 기름에 튀긴 요리의 일종을 의미한다.

452 Screw-Capped Wine [스크루 캡 와인]

주로 오래 보관하지 않고 바로 소비하는 와인에는 코르크마개 대신 돌려서 따는 스크루 방식의 마개를 다는 경우도 있는데 이러한 형태의 와인을 의미한다.

그림 192   Screw-Capped Wine

453 Screw-Driver [스크루 드라이버]

보드카(Vodka)와 오렌지 주스(Orange Juice)를 섞은 칵테일을 의미한다.

454 Screw Top [스크루 탑]

술병 등의 "돌려서 막는 마개"를 의미한다.

455 Seasonal Menu [시즈널 메뉴]

계절 대표 요리를 중심으로 구성된 한 계절에 맞게 작성된 차림표를 의미한다.

456 Seasoned [시즌드]

고객의 식성에 맞게 양념과 조미료를 넣어 맛을 맞춘 음식을 의미한다.

457 Seasoning [시즈닝 : 양념하기]

458 Sediment [세디먼트 : 앙금]

병 포도주를 저장했을 때 병 속에 발생하는 침전물을 의미한다.

459 Self Service [셀프 서비스]

호텔에서의 연회서비스와 뷔페식당의 서비스방식 또는 단체고객의 아침
식사 및 브런치(brunch) 스타일로 자기가 좋아하는 음식을 가져다 먹는 방
식을 의미한다.

460 Seltzer Water [셀처 워터]

위장병 등에 약효가 좋은 독일 위스바데 지장에서 용출되는 광천수를 의
미한다.

461 Senior Bartender [시니어 바텐더]

Bar 영업장에서 바텐더와 바 보이(Bar Boy)를 지휘, 지도, 감독할 임무를
수행하며, 칵테일 조주법에 능통해야 하고, 가격조정과 원가계산도 할 수
있어야 하며, 월말 재고 조사(Monthly Inventory)도 할 수 있는 상급 바텐
더를 의미한다.

462 Servery [서버리]

식당영업을 위한 식기실 혹은 상 차리는 방을 의미한다.

463 Service Bars [서비스 바]

직원이 주문을 받아 바텐더에게 전달하면 주문한 음료를 직원이 고객에게
서빙하는 바를 의미한다.

464 Service Spoon and Fork [서비스 스푼 앤 포크]

접객원들이 음식을 덜어내거나 서브할 때 사용하는 일반적인 디너스푼이
나 포크보다 큰 스푼과 포크를 의미한다.

465 Service Station [서비스 스테이션]

식당 직원들이 영업에 필요한 모든 준비물(기물, 소모품, 메뉴 등)을 비치하여 접객 서비스를 신속하게 할 수 있도록 식당 내부에 고정시켜 놓은 장소 또는 필요에 따라 이동식으로 꾸민 Side Table을 의미한다.

466 Service Towel [서비스 타월] : Arm Towel

식당 접객원들이 사용하는 팔에 걸치는 타월이다.

467 Service Wagon [서비스 왜건]

고객의 요리를 운반하거나 서브할 때 사용하기 위하여 영업 전 Arm Towel, Serving Gear(spoon & fork), Tray를 비치해 둔 이동운반차를 의미한다.

468 Set-up [셋업]

레스토랑에서 술의 판매가 금지된 지역에서 다른 곳에서 고객이 사 온 술과 함께 얼음, 컵, 그리고 비알코올성 혼합용 물질을 비교적 싼 값으로 테이블에 제공하는 것을 의미한다.

469 Shaker [셰이커]

혼성음료가 잘 섞이게 하는 동시에 내용물을 제거하기 위해 양은, 은도금, 스테인리스, 유리, 또는 플라스틱으로 제작된 혼성음료를 섞을 때 사용하는 기구이다.

그림 193 Shaker와 Shaker를 이용한 cocktail 조주 모습

470 Shaking [흔들기]

칵테일을 주조할 때 얼음 덩어리와 주조한 물을 Shaker에 넣고 흔들어 배합하는 과정을 의미한다.

471 Shandy [샌디]

유럽지역에서 여성용으로 많이 생산되는 맥주와 레몬 향을 혼합하여 알코올 함유량을 1~2도 정도로 만든 음료용 맥주를 의미한다.

472 Shaved Ice [셰이브드 아이스]

가루 얼음, 깎아낸 얼음, 간 얼음, 즉 빙수용으로 쓰는 얼음과 같이 눈처럼 곱게 빻은 가루 얼음을 의미한다.

473 Sherbet [셔벗]

불어로는 소르베(Sorbet)라고 부르며 과즙과 리큐르(Liqueur)를 사용하여 만든 빙과를 의미한다.

474 Sherry [셰리]

포도 수확기에 포도의 잎을 쳐서 일광에 오래 건조시켰다가 통 속에 담가 플로르(Flor)라고 하는 효모를 발효하여 양조한 스페인산 백포도주를 의미한다.

475 Short Bread [쇼트 브레드]

버터, 설탕, 그리고 밀가루로 만든 부서지기 쉬운 카스텔라식의 과자를 의미한다.

476 Short Cake [쇼트 케이크]

과일 따위를 카스텔라 사이에 끼우고 크림을 얹은 케이크를 의미한다.

477 Short Drink [쇼트 드링크]

좁은 의미의 칵테일로서 용량이 작은 칵테일글라스에 제공되는 음료를 의미한다.

478 Short [한 잔]

술의 단위 1온스(ounce)를 의미한다.

479 Short Glass [쇼트 글라스]

내부에 눈금이 새겨진 것과 눈금이 없는 특정한 글라스의 일종을 의미한다.

480 Show Plate [쇼 플레이트]

- 대개 동이나 놋쇠로 만들며, 특별 제작품이 없을 때는 앙트레 접시로 대용하여 테이블에 놓는 고객 좌석의 중심을 표시하기 위한 장식용 접시를 의미한다.
- 주요리 접시(Entree Plate)와 같은 크기로서 은(silver)이나 놋쇠 등 고급재료를 사용하여 호텔이나 식당의 로고, 상징물, 또는 마크의 무늬를 넣어 만들며 그 모양이나 디자인이 호화롭게 제작된 일종의 장식 접시를 의미한다.

그림 194   Show Plate

481 Shrimp [새우]

긴 수염과 10개의 발을 가지고 있지만, 집게발이 없는 긴 꼬리 갑각류에 속하는 작은 갑각류이다.

482 Sidecar [사이드카]

- 브랜디 베이스 칵테일이다. 브랜디 30ml, 쿠앵트로 15ml, 레몬주스 15ml로 만든다.
- 제1차 세계대전 당시 프랑스 파리의 목로주점 거리를 사이드카를 타고 달리던 군인이 처음 만들어 내어, 1923년 파리의 Ritz에서 일하는 바텐더 Frank가 오늘날의 Recipe로 정립한 칵테일이다.

483 Side Chair [사이드 체어]

호텔 레스토랑 등에 놓는 팔걸이 없는 작은 의자를 의미한다.

484 Side Dish [사이드 디시]

주요리에 곁들여 내는 요리를 의미한다.

485 Side Order [사이드 오더]

코스 이외의 요리를 추가 주문하는 것을 의미한다.

486 Side Work [사이드 워크]

영업 개시 전 레스토랑의 테이블 정렬, 세팅(Setting), 그리고 청결 유지를 하며, 레스토랑 오픈 후에는 구역 내에서 소금, 설탕, 그리고 후추 등을 보충하여 고객에게 공급하는 업무를 의미한다.

487 Silver Ware [실버웨어 : 은기류] : Table Silver

스푼, 포크, 칼, 그리고 버터칼 등과 같은 식탁용 기물 또는 은 기물을 의미한다.

그림 195　Silver Ware

488 Simmering [시머링]

섭씨 85도 온도의 약한 불에 부글부글 끓이는 조리법을 의미한다.

489 Single [싱글]

1인용의 또는 1oz(Ounce), 즉 30ml의 분량을 의미한다.

490 Single Service [싱글 서비스]

레스토랑에서의 1인분 또는 일회용 서비스로 한 번 사용하고 버리는 종이
나 냅킨을 의미한다.

491 Sippet [시피트] : crouton [쿠르통]

Soup에 넣거나 다진 고기에 곁들이는 굽거나 프라이(Fired)한 빵조각을 의
미한다.

492 Sirloin [등심]

남작의 작위를 받을 만큼 훌륭하다 하여 Lion에 Sir를 붙여 사용하게 된 쇠
고기 등 쪽 안심과 갈비 부위 근처에 있는 고기 부위를 의미한다.

493 Skewering [스큐어링]

육류, 어류, 또는 가금류를 기다란 대나무 또는 쇠꼬챙이에 다른 부재료를

곁들여 꿰어서 조리하는 요리방법을 의미한다.

494 Slice [슬라이스]

레몬이나 오렌지의 껍질을 얇게 자르는 것을 의미한다.

495 Sling [슬링]

"마신다"라고 하는 독일어 "Schingen"에서 유래된 증류주에다 단맛과 신맛을 더해 희석하여 마시는 술을 의미한다.

496 Sloe Gin [슬로진 : 자두술]

리큐르의 한 종류로 야생 오얏(Sole Berry)을 원료로 만든 진한 적색의 술이다.

497 Smoked [스모크 : 훈제]

연어, 장어, 또는 송어와 같은 연한 생선을 조리할 때 많이 쓰이는 훈제 조리방법을 의미한다.

498 Smorgasbord [스모가스보드]

육류를 비롯한 각종 가니시, 빵, 그리고 버터 등을 식탁 위에 진열해 놓고 먹고 싶은 대로 마음껏 먹을 수 있는 뷔페보다 규모가 큰 셀프서비스(self-service) 식당을 의미한다.

499 Snack [스낵]

간단한 식사 또는 가벼운 식사를 말한다.

500 Snack Bar [스낵 바]

Counter Service 와 Self-Service 형식으로 제공되는 식사를 서서하는 간이 식당을 의미한다.

501 Sneeze Guard [스니즈 가드]

뷔페용 테이블 같은 음식물 주변을 기침이나 재채기로부터 음식물을 보호하는 유리나 보호 플라스틱 막을 의미한다.

502 Snifter [스니프터]

튤립 꽃 모양으로서 윗부분이 좁은 서양 배 모양이고 기둥이 있는 브랜디용 글라스를 의미한다.

그림 196   Snifter 브랜디용 글라스

503 Snow Style [스노 스타일]

글라스 가장자리에 Lemon 또는 Lime즙을 적신 다음 백설탕 가루를 묻히는 스타일을 의미한다.

504 Soda Water [소다 워터 : 소다수]

위스키용 칵테일로 많이 쓰이는 탄산가스와 무기염류를 함유한 천연 광천수를 의미한다.

505 Soft Drink [소프트 드링크] : Non Alcoholic Beverage

탄산음료로 분류되는 비알코올성 청량음료를 의미한다.

506   Sommelier [소믈리에]

와인 주문, 와인 연도(Vintage Age), 와인 추천, 와인과 어울리는 음식 추천, 와인창고(Wine Cellar) 관리, 그리고 와인 진열(Wine Display)과 같은 직무를 수행할 뿐만 아니라 고객으로부터 주문을 받고 직접 테이블에 서브하며 와인 시음과 테스팅을 하는 와인 전문가를 의미한다.

507   Sorbet [소르베]

정식(Full Course)에서 생선 요리나 앙트레(Entree) 다음에 나오며, 입 안을 청결하게 할 목적으로 귤을 넣은 과즙을 얼리거나, 와인, 향료 혹은 과즙을 넣어 만든 유유를 넣은 디저트를 의미한다.

그림 197   Sorbet

508   Souffle [수플레]

달걀흰자 위에 우유를 섞어 거품을 일게 하여 구워 만든 디저트용 음식을 의미한다.

그림 198   Souffle

509 Soup [수프] : Potage [포타지]

본격 요리의 첫 번째 코스로서 위에 부담을 적게 주기 위하여 고기 뼈나 고기 조각을 채소와 향료를 섞어 끓여 낸 국물을 의미한다.

510 Soup Stock [수프 스톡]

고기 뼈, 생선의 지느러미, 닭다리, 그리고 날개와 같이 즉시 가용할 수 없는 재료에 채소와 향신료 등을 넣어서 은근한 불로 장시간 끓여서 고운 천으로 거른 국물을 의미한다.

511 Sour Cream [사워 크림]

물, 기름, Corn Syrup, 젤라틴, 소금, 젖산, 그리고 색소 등을 넣어 만든 소스로서 스테이크에 같이 나오는 Baked Potato와 함께 먹는 양념을 의미한다.

512 Sous Chef [수 셰프 : 부주방장] : Under Chef

513 Soy Source [소이 소스 : 간장]

일식과 한식 요리에 주로 사용되는 콩의 추출물, 설탕, 소금, 그리고 향료를 섞어 만들어진 액체형태의 소스를 의미한다.

514 Spaghetti [스파게티]

이탈리아 음식에서 직경 0.3mm 이하의 가장 대표적인 Long Pasta를 의미한다.

그림 199 Spaghetti

515 Sparkling Wine [스파클링 와인 : 발포성 와인]

병 속에서 2차 발효를 하는 동안 자연적으로 탄산가스가 생기게 한 것과
인위적으로 탄산가스를 주입한 발포성 와인을 의미한다.

그림 200 Sparkling Wine

516 Spearmint [스피아민트]

유럽이 원산지인 민트(Mint)이며, 서양박하를 의미한다.

517 Special Menu [스페셜 메뉴]

특별히 지정되거나 예약된 사항에 의해서 짜이는 특별메뉴이다. 고객의
예약 주문에 한하여 고객 한 사람에 대해 책정된 예산에 의하여 고객, 연
회지배인, 그리고 Chef에 의하여 이루어진 메뉴를 의미한다.

518   Spice [스파이스]

만들어진 칵테일의 맛을 더 내기 위하여 방향성 식물을 첨가하는 것을 의미한다.

519   Spices [향신료]

양념, 향미료, 또는 양념류를 의미한다.

520   Spinach [시금치]

521   Spirits [스피리츠]

양조주를 알코올의 비등점인 80도를 이용하여 단식증류(Pot Still)와 연속증류(Patent Still) 두 가지 방법으로 증류한 주정이 강한 주류의 총칭을 의미한다.

522   Split [스플리트]

반잔 또는 반병이란 뜻으로 1Split는 16oz(약 454g)를 의미한다.

523   Split Shift System [스플리트 시프트 시스템]

호텔 식당 경영상에 있어서 근무조의 시간을 연속이 아닌 두 개로 쪼개어 근무시키는 시스템을 의미한다.

524   Spray Dried Coffee [분무 건조 커피]

원두를 배전하여 추출한 커피 원액을 25~30m의 높은 탑으로부터 고압으로 분무시킨 후 그사이에 뜨거운 바람을 통과시켜 수분을 증발시켜 탑 밑에 남은 작은 입자의 커피 분말을 의미한다.

525   Spread and Dips [스프레드 앤 딥스]

크리스피 크래커(Crisp Cracker), 멜바 토스트(Melba Toast), 브래드 스틱(Bread Stick), 비스킷(Biscuit), 그리고 포테이토 칩(Potato Chip)을 재료로

하여 카나페(Canapes)처럼 샌드위치와 같이 만들어진 음식을 의미한다.

526 Spring Lamb [스프링 램]

약 3~5개월 된 어린 양의 고기를 말한다.

527 Squash [스쿼시 : 호박]

요리에 사용되는 호박의 종류는 다양하다. 그 종류별로 구분해보면 다음과 같다.

- **Pumpkin** : 영어를 모국어로 하는 사람들에게 pumpkin은 대부분 노란색으로 겉껍질이 딱딱한 (Halloween day에 사용하는) 호박을 말한다.
- **Sweet pumpkin(단호박)** : Japanese pumpkin(줄여서 Jap pumpkin)이라고도 한다.
- **Squash** : 스쿼시는 다양한 생김새에 따라 squash 앞에 이름을 붙여 다양한 이름(acorn squash, butternut squash, buttercup squash, ambercup squash 등)으로 불린다. 우리나라에서 요리에 많이 사용하는 애호박은 Korean squash라고도 불린다.
- **Zucchini(서양호박)** : 영국에서는 courgette(코젯)이라고 한다.

그림 201 Pumpkin(좌), Sweet Pumpkin(우)

그림 202   Zucchini(좌), Squash(우)

528   Squeeze [스퀴즈]

Squeezer를 이용해서 과일의 즙을 짜내는 것을 의미한다.

그림 203   Squeeze

529   Squeezer [스퀴저]

레몬이나 오렌지와 같은 과일의 즙을 짜서 과즙을 만들어 사용해야 하는
경우 사용하는 기구를 의미한다.

그림 204   Squeezer

530 Stacking Chair [스태킹 체어]

많은 양이 필요한 컨벤션이나 연회행사에 많은 양을 한꺼번에 이동할 수
있도록 여러 개 포개어 쌓을 수 있도록 만들어진 의자를 의미한다.

그림 205 Stacking Chair

531 Staff Canteen [스태프 캔틴 : 직원식당]

셀프 서비스 식당(Self Service Restaurant)으로 운영되는 식당을 의미한다.

532 Standard Drink Recipe [표준 음료레시피]

어느 아이템을 만드는 데 소요되는 모든 혼합물 성분의 양, 원가, 만드는 방법, 그리고 사용하는 글라스 등과 같이 Mixed Drink를 만드는 데 기준이 되는 표준레시피를 의미한다.

533 Standard Drink Size [표준 음료사이즈]

메뉴에 수록된 식료나 음료 리스트(Beverage List)에 있는 판매될 모든 종류의 음료에 대하여 잔으로 판매할 경우에 해당하는 표준으로 정해진 한 잔의 분량, 즉 음료의 서비스 단위별 표준 크기를 의미한다.

534 Station [스테이션] : Service Station

호텔 업장에서 고객에게 서비스하기 편리하도록 종사원에게 주어진 하나의 서비스 구역을 의미한다.

535 Steak [스테이크]

두툼하게 베어낸 요리용 육류나 어류의 살코기를 의미한다.

536 Steamed [스팀]

육류, 조류, 해산물, 채소, 그리고 과일 등 모든 식품을 Steamer에 넣고 수증기의 압력으로 조리하는 방법을 의미한다.

537 Steamed Foods [스팀 푸드]

찐 음식 또는 증기로 연하게 한 음식을 의미한다.

538 Stemmed Glass [스템드 글라스]

글라스 볼(Bowl) 부분과 밑받침(Bottom) 부분 사이의 긴 목(Stem)이 달린 모양의 글라스를 의미한다.

그림 206 다양한 Stemmed Glass

539 Stewed Fruit Compote [스튜드 푸르트 콤포트]

사용되는 재료에 따라 종류가 다양하지만, 과일을 설탕 시럽과 콘스타치(cornstarch)로 온건한 불에 삶아서 조린 것을 의미한다.

540 Steward [스튜어드 : 기물관리담당 직원]

레스토랑 주방과 식당 홀에서 사용되는 기물, 접시, 글라스 등을 세척하여 즉시 사용할 수 있도록 보관하고 관리하며, 주방바닥, 벽, 기기 등을 청소하여 주방 내의 청결을 유지하는 직무를 수행하는 호텔직원을 의미한다.

541 Stewardess [스튜어디스]

각종 식기류의 세척과 Dish Washer의 관리는 담당하는 호텔여직원을 의미한다.

542 Stillroom [스틸룸]

간단한 스낵 종류나 음료, 차, 커피, 빵, 버터, 주스류, 샐러드, 치즈, 과자류, 과일, 샌드위치, 아이스크림 등을 준비하여 룸서비스와 커피숍에서 24시간 주로 사용하는 식료품 저장실을 의미한다.

543 Stirring [스테어링 : 휘젓기]

Shake하면 칵테일 색깔이 불투명하거나 묽어질 염려가 있을 때 유리제품인 Mixing Glass에 얼음과 술을 넣고, 바 스푼(Bar Spoon)으로 재빨리 저어 조주하는 칵테일 제조방법의 하나를 의미한다.

544 Stock [스톡] : Fond

고기 뼈, 채소, 고기 조각 등을 향료와 섞어 끓여낸 수프를 만들어 내어 모든 소스의 기본 재료로 쓰이는 국물을 의미한다.

545 Stock Rotation [스톡 로테이션]

창고의 재고나 저장품을 선입선출법에 의해 순서대로 소비하는 재고순환을 의미한다.

546 Stopper [스토퍼 : 병마개]

일시적으로 다량의 샴페인이 요구될 때 코르크(Cork) 마개를 따는 시간을 절약하기 위하여 미리 마개를 따서 잠그는 역할을 하거나 마시다 남은 샴페인을 탄산가스가 누출되지 않도록 보존하는 역할을 하는 병의 마개를 의미한다.

그림 207　Stopper

547　Store Issue Cost [저장출고원가]

창고에서 조리장에 출고된 재료원가를 의미한다.

548　Stout [스타우트 : 흑맥주]

영국인이 즐겨 마시는 맥주의 일종으로 6도의 알코올 도수를 가진 흑맥주를 의미한다. 검게 될 때까지 로스팅한 보리를 사용하여 표면 발효(상면 발효)에 의해 양조한다.

그림 208　Stout(기네스 흑맥주)

549　Strainer [스트레이너 : 여과기]

믹싱 글라스에 맞는 칵테일을 때 속에 들어 있는 얼음이 글라스 밖으로 흘러나오는 것을 방지할 때 사용하는 여과기 또는 체를 의미한다.

그림 209 Strainer

550 Stras Bourgeeiuse [스트라스 부르그] : Strasbourg Type

스트라스 부르그 식으로 거위 간을 갈아서 파테(Pate), 즉 파이 형으로 만든 것을 의미한다.

551 Straw [스트로 : 빨대]

칵테일이나 음료를 빨아 마실 때 사용하는 빨대를 의미한다.

552 Stuffing [스터핑]

달걀, 가금류, 생선 등의 내부에 다른 부재료를 채워 넣은 조리법을 의미한다.

553 Suki Yaki [스키 야키]

고기, 채소, 소금, 후추 등을 넣고 끓인 다음 설탕을 약간 친 일본 요리를 의미한다.

554 Sundae [선디]

시럽(Syrup)과 과일 등을 얹어 만든 아이스크림 종류의 일종이다.

그림 210 Ice Cream Sundae

555 Sunny Side Up [서니 사이드 업]

뒤집지 않고 한쪽 면만 살짝 익힌 모양의 팬 프라이드 한 달걀요리의 일종
을 의미한다.

그림 211 Sunny Side Up

556 Super Dry Beer [수퍼 드라이 비어]

보통 맥주 보다 1도가 높은 5도로 단맛이 거의 없는 담백한 맥주를 의미
한다.

557 Supper [서퍼 : 저녁식사]

Formal Dinner, 즉 격식 높은 정식만찬을 의미하였으나, 오늘날에는 늦은
저녁의 행사(음악회, 오페라, 기타 회의) 등으로 늦게 먹는 가벼운 식사로
서 2~3코스의 메뉴로 구성된 늦은 저녁의 밤참을 의미한다.

558 Sweet Bread [스위트 브레드]

송아지 목에 있는 일종의 목젖 또는 송아지 목젖으로 만든 얇고 부드러운 요리를 의미한다.

559 Sweet Jelly [스위트 젤리]

과즙이나 향을 넣은 젤라틴으로 만든 투명한 젤리를 의미한다.

560 Sweet Roll [스위트 롤]

여러 종류의 충전물과 모양에 따라 다양한 제품이 만들어지며, 제품의 모양에 따라 그 이름 또한 달리 불리는 미국의 단과자(빵류)를 의미한다.

561 Swizzle [스위즐]

셰이커를 사용하지 않고 Stir(휘젓기)로 저어서 만든 칵테일을 의미한다.

562 Syrup [시럽]

사탕과 물을 넣어 끓여 당밀이나 여기에 여러 가지 과즙을 넣어 맛을 낸 것이다.

563 Tabasco [타바스코]

스테이크나 수프 등 여러 음식에 곁들여 먹는 고추를 주재료로 맵고 시게 만든 소스이다.

그림 212 Tabasco

564 Table d'Hote [타블 도트] : Course menu, Set menu

- 오르되브르(Hors d'Oeuvre : 애피타이저), 수프, 생선, 앙트레, 로스트와 채소, 디저트, 그리고 음료의 순서로 제공되는 정식으로서 Full Course, Daily Menu, Set Menu로 나오는 한 끼분의 식사로 구성되고, 요금도 한 끼분으로 표시된 식단을 의미한다.
- a la carte와 반대되는 개념이다.

565 Table Cloth [테이블 클로스]

테이블 위를 덮는 식탁보를 의미한다.

그림 213 Table Cloth(연회장 테이블세팅)

566 Table Manners [테이블 매너]

식사법 또는 식사 때의 예의범절을 의미한다.

567 Table Service [테이블 서비스]

주방으로부터 접시에 담겨 나오거나, 쟁반(Tray)이나 왜건으로 운반된 음식들을 웨이터나 웨이트리스로부터 손님이 테이블에 앉은 채로 서비스를 받는 것을 의미한다.

568 Table Skirt [테이블 스커트]

오르되브르(Hor d'Oeuvre) 테이블이나 뷔페 테이블(buffet table) 옆 부분
이 보이지 않도록 색깔이 아름다운 주름치마를 장식으로 두르는 것과 같
은 테이블 클로스 종류 중 하나이다. 주로 연회장 테이블 밑으로 다리가
보이지 않도록 가리는 용도로 사용한다.

569 Table Turn Over Rate [좌석 회전율]

한 개의 좌석당 하루 몇 명의 고객이 앉는가를 의미한다.

570 Table Wine [테이블 와인]

디너에서 식사와 함께 음식의 주재료에 따라서 같이 곁들여지는 포도주를
의미하며, 생선류(White Meat)에는 Dry White Wine을, 육류나 사냥한 짐
승 고기에는 Red Wine을 곁들이는 것이 일반적이다.

571 Taco [타코]

고기, 치즈, 양상추 등을 넣고 튀긴 옥수수로 만든 멕시코 빵을 의미한다.

그림 214 Taco

572 Take-Out Menu [테이크-아웃 메뉴] : Carry-Out Menu

고객이 레스토랑(Restaurant)에서 음식을 주문하여 레스토랑 외부 음식을
가지고 나가는 메뉴 종류를 의미한다.

573 Tanch [탄치]

잉어와 비슷하나 비늘이 조그맣고 수컷이 암컷보다 큰 잉어과 물고기를
의미한다.

574 Tangerine [탄제린 : 감귤]

감귤이라고도 불리는 오렌지와 비슷하나 크기는 조금 작고 껍질이 유연한
과일을 의미한다.

그림 215 Tangerine

575 Tangible Product [탠저블 프로덕트 : 물적인 상품, 유형의 서비스]

호텔 객실 및 부대시설 그리고 건물 자체를 포함하는 상품, 즉 눈에 보이
고 만질 수 있는 상품을 제공하는 물적인 상품의 서비스를 의미한다.

576 Tarragon [타라곤]

유럽이 원산지이며 프랑스에서 최초로 재배되어 러시아와 몽고에서 재배
되는 여러해살이 정원초의 일종으로서 4~7월 중에 재배한 것을 식초에 담
가 제조한다.

577 Tarako [타라코 : たらこ 명란젓]

염분의 주입과 착색으로 색깔이 붉은 알래스카산 대구알을 가공한 식품이
다. 소금에 절인 것을 그대로 먹기도 하며, 가열하거나 주먹밥, 오차즈케

(お茶漬け : 밥에 따뜻한 녹차를 부어 먹는 일본 음식)의 재료로 쓰거나 일식 전반에 걸쳐 사용되는 인기 있는 음식이다.

그림 216　타라코(명란젓)

578　Tart [타르트]

페이스트리 케이크에 과일 잼, 커스터드, 마카롱 등을 채워서 구운 것이다.

그림 217　Tart

579　Tartar Sauce [타르타르 소스]

양파, 피클, 셀러리, 그리고 파슬리를 다져서 마요네즈를 섞어 만든 소스로 생선 요리에 가장 많이 곁들인다.

그림 218   Tartar Sauce

580   Tartar Steak Sauce [타르타르 스테이크 소스]

양파, 안초비 피클(Anchovy Pickle), 케이퍼(Caper), 마늘을 혼합한 후 디종 머스터드(Dijon Mustard), 식초, 토마토케첩, 타바스코 소스, 우스터소스(Worcestershire Sauce), 레드 와인(Red Wine) 등을 넣고 잘 섞어 즉석에서 만들어 제공하는 콜드 소스(Cold Sauce)의 일종이다.

581   T-Bone Steak [티본 스테이크]

T자 모양의 뼈가 있어서 붙여진 이름으로 T자를 중심으로 양옆의 부위가 각각 안심과 등심으로 다르다. 각기 다른 부위를 한 번에 맛볼 수 있어 많은 사람들에게 사랑을 받는 부위이다.

그림 219   T-Bone Steak

582   Tea [티 : 차]

카멜리아(Camellia)과에 속하는 식물의 둥근 잎들에 붙여진 이름을 의미한다.

583 Tea Spoon [티스푼]

재료의 분량을 잴 때 쓰는 용어로서 1tsp는 약 $\frac{1}{8}$oz이며, 1 테이블스푼 (1Ts)은 $\frac{3}{8}$oz를 의미한다.

584 Tender [텐더]

부드럽고 연하거나 바삭바삭한 음식을 묘사하는 말로 사용된다.

585 Tenderloin [텐더로인 : 안심부위]

소나 돼지 허리의 연한 고기로 안심을 의미한다.

586 Tequila [테킬라]

- 증류주의 일종으로 색에 따라 화이트 테킬라와 골드 테킬라로 분류 된다.
- 용설란(아가베, agave)을 원료로 한 발효주인 풀케(Pulque)를 Pot Still 로 두 번 증류하여 White Oak통에 약 한 달가량 숙성시킨 후 활성탄 으로 정제하고 시판하는 것이 White Tequila이다.
- 화이트 테킬라는 숙성하지 않아 맛이 가볍고 색은 무색이며, 주로 칵 테일 기주로 사용된다.
- 골드 테킬라(Gold Tequila)는 오크통에서 2개월 이상 또는 장기간(수 년간) 저장하였다가 시판하는 것으로 맛은 중후한 편이고, 색은 골드 색이며, 주로 스트레이트로 즐겨 마신다.
- 테킬라는 소금을 핥아먹으면서 마시는 풍습이 있다.
- 테킬라를 스트레이트로 마시는 요령은 먼저 소금을 왼손의 손등 엄지 와 검지 사이 부분에 올려놓고, 같은 손(왼손)으로 잔을 들고, 오른쪽 손으로는 레몬(라임)을 들고, 소금을 맛보고 테킬라를 마신 후 레몬 (라임)을 빨아먹는다.

그림 220 테킬라와 테킬라의 원료가 되는 용설란(아가베)

587 Terrine [테린]

고기나 파이 등을 담아서 파는 용기 혹은 이 용기에 담긴 음식을 의미하는
말이기도 하다. 잘게 썬 고기, 생선 등을 각종 용기 또는 케이스에 담아 단
단히 다져지게 하거나 혹은 찐 후 차갑게 식혀 적당한 크기로 잘라 먹는
다. 각종 파티에 전채요리로 제공하는 경우가 많으며, 식재료 위에 여러
가지 육류와 양념 등을 첨가하여 각종 장식과 함께 단지 또는 항아리에 담
아 식탁에 제공하기도 한다.

그림 221 크림치즈 테린(좌), 연어 테린(우)

588 Thick Soup [진한 수프]

농도가 진한 수프를 의미한다.

589 Though [터프]

질기고 딱딱하며 끈기 있는 음식물을 묘사할 때 사용한다.

590 Thousand Island Dressing [사우전드 아일랜드 드레싱]

샐러드에 제공되는 드레싱으로 삶은 달걀, 풋고추, 양파, 셀러리, 파프리카 등을 곱게 다지고, 마요네즈에 토마토케첩, 소금 등을 섞어 만든 드레싱이다. 고소한 맛, 신맛, 단맛이 고루 어우러지는 맛이 난다. 샐러드에 이 드레싱을 뿌리면 드레싱에 들어간 잘게 다져진 채소 재료들이 마치 천 개의 섬이 떠있는 것처럼 보인다고 하여 붙은 이름이다.

591 Thyme [타임]

지중해가 원산지로 유고, 체코, 영국, 스페인, 미국 등에서 재배되는 백리향으로 둥글게 말린 잎과 불그스름한 라일락 색을 띤 입술 모양의 꽃이 핀다.

592 Tia Maria [티아 마리아]

럼주를 기주(Base)로 한 커피 리큐르이다.

593 Tight Dough [타이트 도우 : 된 반죽]

594 Tilsit [틸지트]

치즈의 한 종류이다. 중형의 원반형이나 각형으로서 독일, 스위스, 스칸디나비아 등에서 압착하여 생산되며 불규칙한 구멍이 뚫려있고, 가벼운 신맛이 나며, 부드럽고 탄력성이 있는 경질치즈를 의미한다.

그림 222 Tilsit

---

595 Timbales [팀바르]

탬버린 모양의 카스타 형체 안에 마카로니(Macaroni)를 채워 넣고 가운데에 갖가지 저민 고기를 넣어서 찐 요리를 의미한다.

596 Tip [팁 : 봉사료] : Gratuity

- 호텔 계산서에는 서비스료나 Gratuity라고 쓰여 있는 팁은 "To Insure Promptness"라는 말에서 유래하였다. 우리나라의 경우는 대부분 봉사료가 가격에 포함된 식당이 대부분이지만 외국의 경우는 봉사료를 별도로 지불해야 하는 경우가 대부분이다.

- 우리나라 호텔의 경우 봉사료가 별도로 표시되는 경우는 10%의 봉사료가 별도로 계산서에 표시되어 청구된다. 봉사료가 별도로 명시되지 않은 외국에서는 그 나라 문화에 맞게 반드시 10~20% 정도의 봉사료를 자신의 table에 서비스해준 waiter나 waitress에게 지불해야 한다.

597 Toasting [토스팅]

음식 표면이 갈색으로 변할 때까지 열을 가하는 조리법을 의미한다.

598 Today's Special [오늘의 요리]

각 호텔 레스토랑이나 음식점에서 고객을 끌기 위해 특별한 요리를 그날 그날 지정해서 판매하는 그날의 "별식" 또는 "오늘의 특별요리"를 의미한다.

599 Toddy [토디]

동남아 지방의 특산으로 야자수 즙액을 발효시켜 만드는 양조주를 의미한다.

600 Tom Collins [톰 콜린스]

진(Gin)에 레몬즙, 설탕, 탄산수를 섞은 음료를 의미한다.

601 Tom Collins Glass [톰 콜린스 글라스]

12oz 용량의 물잔과 비슷한 큰 원통 모양의 잔을 의미한다.

602 Tomato Sauce [토마토 소스]

주로 이탈리아 요리의 밀가루 음식에 사용되는 소스로, 토마토로 만든 적색 소스이다.

603 Tonic Water [토닉 워터]

레몬, 라임, 오렌지, 퀴닌(Quinine) 등으로 엑기스를 만들어 당분을 배합한 무색, 투명의 음료로 영국에서 처음 개발되었다.

604 Torchon [토르숑]

와인(Wine)마개를 딸 때 코르크(Cork)를 뽑기 전이나 뽑은 후 병 언저리나 글라스(Glass)를 닦기 위해 사용하는 천이다.

605 Toristeni [토리스테니]

부드러운 가당중종법(빵 반죽 중종, 스펀지)에 설탕을 2~3% 첨가하고 중종 온도는 2도 높이고, 발효시간은 단축하는 방법으로 유지와 과실류를 많이 넣어 만든 유럽의 대표적인 과자빵을 의미한다.

606 Tomme de Savoie Cheese [톰 드 사부아 치즈]

프랑스 남동부 리용 근처의 Savoie 마을에서 유래된 소젖을 원료유로 사용한 치즈로 2~3kg 정도의 둥근 원형의 회적색 Tomme류 Semi-soft 치즈를 의미한다.

그림 223 Tomme de Savoie Cheese(위키피디아)

607 Tournedos [투르느도]

소의 안심(tenderloin) 필레(fillet) 끝에서 잘라낸 지름 5~6cm, 두께 2~2.5cm 정도의 스테이크용 고기를 말한다. 작고 둥근 살코기 스테이크용 부위로 지방 함량이 매우 적기 때문에 굽기 전 돼지기름이나 베이컨 등으로 감아서 조리에 이용한다.

608 Tongue [텅 : 혓바닥]

훈제 또는 소금에 절인 소, 양 따위의 혓바닥 요리를 의미한다.

609 Tourist Menu [투어리스트 메뉴]

관광객들에게 그 지방, 그 지역의 독특한 요리를 맛볼 수 있게 하기 위하여 비교적 저렴한 요금의 서비스용으로 만들어진 메뉴를 의미한다.

610 Tourner [투르네 : 돌려깎기]

돌리면서 모양을 내며 깎는 것을 의미한다.

611 Tray [트레이]

음식을 담은 접시 종류나 빈 접시 종류, 기타 서비스에 필요한 물건들을
안전하게 운반하기 위하여 사용되는 것을 의미한다.

612 Tray Service [트레이 서비스]

합리성을 중시하는 미국에서 널리 사용되는 서비스 방법으로서 플레이트
에 담은 요리를 트레이에 실어서 운반하고, 테이블 옆에 있는 서비스 테이
블 위로 옮긴 후, 요리를 담은 접시를 손님의 왼쪽에서 서비스하는 것을
의미한다.

613 Triple Sec [트리플 섹]

세 번 증류를 거듭하여 제조하였다는 뜻으로 퀴라소(Curacao : 오렌지로
만든 리큐르)의 대표적인 제품이다. 감미가 있고 오렌지 향을 가진 무색투
명한 리큐르를 의미한다.

614 Trolley [트롤리] : Wagon, Guéridon [게리동]

레스토랑에서 음식을 운반할 때 쓰는 바퀴 달린 Wagon을 의미한다.

615 Tropical Coffee [트로피컬 커피]

남국의 정열적인 무드가 살아 있는 화이트 럼을 첨가하여 만드는 커피를
의미한다.

Chapter 12

식음료 및 조리부문 용어

616 **Truffle [트러플 : ① 송로버섯, ② 동그란 모양의 초콜릿 과자]**

- 열대지방의 땅속에서 자생하며, 검은색으로 산돼지가 즐겨 먹기 때문에 돼지감자라는 별칭이 있는 송로버섯을 의미한다. 송로버섯은 화이트 트러플과 블랙 트러플 두 가지 종류가 있다.

- 트러플 가격은 화이트트러플이 약 5,000~6,000유로/100g이며 블랙 트러플이 600유로/100g 정도로 화이트 트러플이 매우 귀한 식재료로 대접받고 있다.

- 프랑스어로 '겉을 가다듬지 않고 코코아 가루 등으로 마감한 초콜릿'을 말하는데 그 생긴 모습이 송로버섯을 닮은 데서 이름이 유래되었다고 한다.

그림 224 White Truffle(좌), Black Truffle(우)

617 **Turmeric [터메릭 : 강황]**

인도가 원산지로 동아시아, 아프리카, 호주 등지에서 재배되며 강한 향과 뿌리의 노란색은 착색제로 사용된다. 강황의 뿌리 부분을 건조한 다음 가루로 빻아 만든 노란색 향신료이다. 카레와 머스터드(Mustard)를 만들 때 사용되거나 단무지의 착색제로 사용되는 등 여러 요리의 향신료 및 착색용으로 쓰인다. 터메릭은 생강과에 속하는 식물인데, 유럽에서는 터메릭이 '동양의 사프란'으로 알려져 있다.

618 Turbot [터벗]

해수어 중에서 가장 선호되는 육질은 희고 단단하여 저장이 용이한 광어 넙치과에 속하는 물고기이다.

619 Turnip [터닙 : 순무]

무의 하나로 뿌리는 통통하며, 둥글거나 길고 물이 많은 겨자과에 속하는 2년생 풀을 의미한다.

그림 225 Turnip

620 Tureen [튜린]

수프를 담는 식기로 뚜껑이 있고 바닥이 깊다.

그림 226 Tureen

621　Turkish Coffee [터키시 커피]

- 아르메니안 커피라고도 불리며 커피가루를 걸러내지 않고 가라앉힌 후 침전물의 위쪽에 있는 커피액만 마시는 형태의 터키풍의 커피이다.
- 터키 커피 조리법은 다른 커피와 다르게 커피콩을 볶고 잘게 간 후에 제즈베(Cezve)라는 커피주전자에 직접 끓이는 방법으로 만든다. 그 후에 설탕을 타서 마신다.

그림 227　Turkish Coffee와 Cezve

622　Turn Over [턴 오버 : 회전율]

주어진 식사시간에(meal period)에 식당의 좌석이 고객에 의하여 몇 번 사용되는가에 대한 좌석 회전율을 의미한다.

623　Turnde Over [턴드 오버]

오버이지(over easy), 오버 미디엄(over medium), 오버 하드(over hard)로 구분되는 Fried Egg 요리 방법의 하나다.

624　Under Cloth [언더 클로스] : Silencer Cloth

테이블 클로스보다 작게 만들어 테이블 클로스의 수명을 연장하고 식탁에 식기나 기물을 놓을 때 소리가 나지 않도록 테이블 클로스 밑에 깔아 촉감을 부드럽게 하는 면 종류의 천을 의미한다. 털을 다져 만들기도 한다.

625　Under Heat [언더 히트]

팬이나 트레이(Tray)에 스테이크 등을 담아서 굽거나 버섯요리, 토마토,

베이컨 등의 식재료를 조리하는 방법을 의미한다. 오븐에 굽는 방법이다.

626 Utensil [유텐실]

주방 및 바(Bar)에서 사용되는 기물의 총칭을 의미한다.

627 VAT [배트]

위스키 등을 숙성시킬 때 사용되는 커다란 오크통을 의미한다.

628 V.D.Q.S [Vin Delimites De Qualite Superiere : 우량 지정 포도주]

1949년 정부령으로 품질 분류상 A.O.C 와인의 다음 급에 속하며 규정항목
으로는 포도 생산지역, 포도품종, 재배법, 양조법, 최저 알코올 도수 등을
규제하고 있는 우수한 품질의 와인, 즉 와인의 원산지 명칭 통제를 의미
한다.

629 Veal [빌 : 송아지 고기]

어미 소의 젖으로만 기른 생후 12주를 넘기지 않은 송아지의 고기이다.
만든 요리에는 스칼로핀(Scaloppine), 빌 커틀릿(Veal Cutlet)이 있다.

630 Veal Cutlet [빌 커틀릿 : 송아지 커틀릿]

뼈를 제거한 송아지 고기를 얇게 저민 후 소금, 후추를 뿌리고 밀가루를
칠한 후 달걀, 빵가루를 입힌 다음 버터에 소테(Saute)한 요리를 의미한다.

631 Vegetable Stock [베지터블 스톡]

양파와 대파를 먼저 기름으로 볶은 후 양파, 셀러리, 토마토, 마늘, 월계수
잎, 소금, 향료 등을 혼합하여 다시 볶아서 찬물을 붓고 1시간 정도 끓여서
천으로 걸러낸 수프나 소스를 만들기 위한 국물을 의미한다.

632 Veloute Sauce [벨루테 소스]

채소를 버터에 볶은 후 White Roux(Roux Blanc)를 넣고 White Stock을

부어 1시간에서 1시간 30분 정도 끓인 소스를 의미한다.

633 Verjus [베르쥐]

익지 않은 포도로 만든 신맛이 강한 즙을 의미한다.

634 Vermicelli [버미첼리]

이탈리아 파스타의 일종으로 대단히 가느다란 모양의 파스타를 의미한다. 주로 잘게 잘라 수프에 넣어 먹는다.

그림 228 Vermicelli

635 Vermouth [베르무트]

- 16세기 독일에서 등장한 주정강화 와인의 일종이다. 베르무트라는 이름은 약쑥을 뜻하는 독일어 wermut에서 유래한다. 베르무트에는 다양한 약재가 가미되는데 그래서 원래는 소화불량을 비롯한 여러 병을 치료하는 데 쓰였다고 한다. 즉, 베르무트는 리큐어의 한 종류로서, 와인을 기주(base)로 하여 다양한 약재를 가미한 혼성주(리큐르)의 일종이다.

- 베르무트는 크게 3가지 스타일이 있는데 그것은 드라이(설탕 없고 허브와 꽃향이 많이 남), 블랑 · 비앙코(스위트와 드라이 중간 특징), 스위트(달콤하고 부드러운 맛)이다.

636 Vermouth Dry [베르무트 드라이]

칵테일 조주 시 사용되는 감미가 없는 방향성 아페리티프 와인을 의미한다.

637 Vermouth Sweet [베르무트 스위트]

주로 칵테일 조주 시 사용되는 감미가 있고 방향성이 높은 적색 아페리티프 와인을 의미한다.

638 Very Hard Cheese [경질치즈]

수분 함량이 낮고 딱딱하기 때문에 분말로 식용할 수 있는 경질치즈를 의미한다.

639 Vichy [비시]

프랑스 지방 이름으로서 봄철에 나는 채소를 물에 삶아서 버터로 조린 다음 당근과 같이 내는 요리의 이름을 의미한다.

640 Vichy Water [비시 워터]

프랑스 중부의 엘리에주에 있는 비시에서 용출되는 광천수를 의미한다.

641 Vichyssoise [비시스와즈]

감자와 크림으로 만들어 차갑게 제공하는 찬 감자 수프(soup)다. 버터에 감자, 파를 볶아서 콩소메에 넣고 익힌 후, 고운체로 걸러 생크림을 더해 차갑게 만든다. 프랑스어로 '비시풍의 찬 크림 수프'라는 뜻이다.

642 Vienna Breakfast [비엔나식 조식]

달걀요리와 롤(Rolls) 정도의 음식을 커피와 같이 먹는 식사를 의미한다.

643 Vienna Coffee [비엔나커피]

컵에 커피를 따르고 휘핑크림(Whipping Cream)을 듬뿍 넣고 스푼으로 휘젓지 않고 마시는 커피를 의미한다.

그림 229 Vienna Coffee

644 Viking Restaurant [바이킹 레스토랑 : 뷔페식당] : Buffet Restaurant
일본에서 쓰이는 뷔페식당의 별칭을 의미한다.

645 Vin [뱅 : 와인] : Wine(영어) 와인, Vino(이탈리아어, 스페인어) 비노, Wein(독일어) 바인
프랑스어로 '와인'을 의미한다.

646 Vin Blanc [뱅 블랑 : 백 포도주] : White Wine
프랑스어로 흰색 와인(White Wine)을 의미한다.

647 Vin de Liqueur [뱅 드 리큐르]
높은 감미를 가진 와인(Very Sweet Wine) 또는 브랜디의 첨가로 알코올 도수가 18도인 높은 와인을 의미한다.

648 Vin de pay [뱅 드 페이 : 지주와인]
프랑스 남부 지중해 지역에서 생산되는 와인으로 각 지방 특유의 특성이 있으며, 라벨은 산지 이름과 지주 보증마크가 기재되며 산지 이름을 와인 이름으로 하여 판매하는 지주(地酒)와인을 의미한다.

649 Vin Mousseux [뱅 무스]

프랑스 상파뉴(Champagne) 지방 이외에서 생산되는 발포성 와인 (Sparkling Wine)을 의미한다.

650 Vin Rose [뱅 로제]

프랑스어로 차게 냉각하여 마시는 로제 와인(Rose Wine)을 의미한다.

651 Vin Rouge [뱅 루즈]

프랑스어로 레드 와인(Red Wine)을 의미한다.

652 Vinaigrette Dressing [비네그레트 드레싱]

오일과 식초에 삶은 달걀과 케이퍼(Caper)향, 양파, 파슬리(Parsley) 등을 넣어서 만든 드레싱을 의미한다.

653 Vinegar [비네거 : 식초]

4%가량의 초산이 들어 있는, 시고 약간 단맛을 가진 액체 조미료의 일종 으로서 양조초와 합성초가 있다.

654 Vino [비노]

이탈리어로 와인을 의미한다.

655 Vino tinto [비노 틴토]

스페인어로서 붉은 와인을 의미한다.

656 Vintage Chart [빈티지 차트]

포도주의 생산연도를 쉽게 표시해 놓은 표를 의미한다. 와인은 포도를 언제 수확하였는지 그 빈티지에 따라 와인의 품질을 많이 좌우하기 때문에 그 해 빈티지 차트를 보면서 와인을 고르는 것이 좋다. (그림 참조)

그림 230 2020 Wine Vintage Chart(출처: https://www.wineenthusiast.com)

657 Vintage Wine [빈티지 와인]

프랑스의 방당주(Vendange)와 동일한 뜻으로 포도의 수확 혹은 포도의 수확기를 의미하며, 특별히 포도가 잘된 해에 만들어진 와인은 그 연도를 상표(Label)에 표시하며 빈티지 와인이라고 불린다.

658 Vodka [보드카]

감자를 주원료로 하여 만든 무색투명하고 거의 무미에 가까운 증류주를 의미하며, 슬라브 민족의 국민주로서 무색, 무미, 무취의 특성을 이용하여 각국에서 칵테일의 기주로 많이 사용된다.

659 Wafer Paper [와퍼 페이퍼 : 먹는 종이]

660 Wagon Service [왜건 서비스]

20세기 초 리츠(Caesar Ritz)에 의해 고안되어 간단한 조리기구와 준비할 재료를 카트(cart) 또는 왜건(wagon)에 싣고 고객의 테이블로 가서 직접 요리를 만들어 기호에 맞는 음식을 먹을 만큼 제공하는 것을 의미한다.

661 Waiter, Waitress [웨이터, 웨이트리스]

고객에 대한 서브(Serve) 및 정리정돈, 영업 준비, 고객접근 방법의 습득, 식음료 주문을 받기 위한 사전 지식 숙지 등의 업무를 일반적으로 수행하는 호텔 직원을 의미한다.

662 Waiter Knife [웨이터 나이프]

주로 와인(Wine)의 뚜껑을 오픈(Open)할 때 코르크(Cork)와 병목을 싼 납 종이를 오려 내는 데 사용하기 위하여 종업원들이 휴대하는 칼을 의미한다.

그림 231 Waiter Knife

663 Waldorf Salad [월도프 샐러드]

사과, 셀러리, 호두 등 과일을 주로 사용하여 만드는 샐러드를 의미한다.

그림 232 Waldorf Salad

664 Warm Plate [웜 플레이트]

고급 식당에서 음식이 담긴 요리접시가 식지 않도록 밑에 받쳐 놓는 뜨거운 철판을 위미한다.

665 Wash [워시]

제품을 굽기 전에 달걀, 우유, 물을 바르거나 구운 후 그레이즈하는 것을 의미한다.

666 Wash Base [세면대] : Basin

세면기 시설을 갖춰 놓은 곳을 의미한다.

667 Wash Cloth [워시 클로스]

기물이나 집기류 등을 닦을 때 편리하게 사용하고 쉽게 구별하기 위하여 색상이나 모양을 달리하여 제작된 면직류를 의미한다.

668 Wastage [웨스티지 : 소모량]

식음료 저장(Wastage in Stores), 조리 준비과정(Wastage in Preparation), 그리고 요리과정(Wastage during Cooking)에서 불가피하게 생기는 식음료의 일정한 소모량을 의미한다.

669 Watercress [워터크래스 : 물냉이]

샐러드용으로 쓰이는 서양 갓냉이를 의미한다.

그림 233 Watercress

670 Water Jug [워터 저그]

조주에 사용하는 술을 담아 놓는 손잡이가 달린 물병을 의미한다.

671 Water Pitcher [워터 피처]

물 담는 서비스용 주전자

672 Well-Done [웰 던]

스테이크를 구울 때 속까지 완전히 익힌다는 의미로 쓰이는 조리 용어를
의미한다.

673 Whey [웨이 : 유장(乳漿)]

젖 성분에서 단백질과 지방 성분을 빼고 남은 부산물(맑은 액체)을 말한다.

674 Whey Cheese [웨이치즈 : 유청치즈]

풍미가 온화하고 단맛이 있는 치즈로 보존성은 약하다. 웨이를 농축하고
단백질을 산으로 굳혀 만드는 치즈다. Ricotta, Ziger, Broccio, Ricotone
치즈처럼 유당(락토오스 : Lactose)을 주성분으로 하는 유장(Whey)을 이
용하여 만드는 치즈를 말한다.

675 Whipping [휘핑]

빠른 동작으로 Beating하여 공기를 넣어주어 부풀게 하는 조리법을 의미
한다.

676 Whisky [위스키] : Whiskey

* 보리(Barley), 호밀(Rye), 밀(Wheat) 옥수수(Corn), 귀리(Oats) 등의
  원료를 발효 양조 후 증류시켜 알코올을 만들어 190 Proof 이상으로
  증류하여 만든 주정을 나무통에 저장하였다가 80 Proof 정도로 희석
  하여 시판하는 증류주를 의미한다. 스카치, 아이리시, 아메리칸, 그

리고 캐나디안으로 나누어진다.

- Whisky는 지역에 따라 알파벳 표기법이 다르다.
- 스카치 위스키(Scotch Whisky), 캐나다 위스키(Canadian Whisky)에는 'Whisky'라고 쓴다.
- 버번 위스키(Bourbon Whiskey), 아이리시 위스키(Irish Whiskey), 테네시 위스키(Tennessee Whiskey)에는 'Whiskey'라고 쓴다.
- 이는 스카치 위스키가 다른 위스키와의 차별점을 두기 위해 Whisky라고 표기하고 있으며, 아일랜드와 미국 역시 스코틀랜드 위스키와 차별화를 두기 위해 Whisky 단어에 'e'를 추가해 표기하고 있다.

677 White Meat [화이트 미트]

소스의 사용을 구별하기 위하여 송아지, 새끼 양, 새끼 염소, 새끼 돼지, 토끼고기, 달걀, 흰 생선, 그리고 가금류의 복부고기 등과 같이 연한 고기들을 구분한 것을 의미한다.

678 White Sauce [화이트 소스]

베샤멜 소스(Bechamel Sauce)로 대표되는 흰색 육수 소스를 의미한다.

679 White Cabbage [화이트 캐비지]

코울슬로 샐러드(Cole Slaw Salad)나 자우어크라우트(Sauerkraut : 양배추를 발표시켜 만드는 요리로 새콤한 맛이 남)에 사용되는 엷은 초록색이 가미된 양배추를 의미한다.

680 White Truffle [화이트 트러플]

중앙 유럽(이탈리아 북부 피에몬테 지방)에서 자생하는 표피가 단단하고, 혹이 없으며, 보통 오리 알 크기의 흰 송로버섯을 의미한다. 블랙 트러플보다 가격이 훨씬 더 비싸고 고급 식재료로 취급되고 있다.

681 White Fish [화이트 피시]

호수에 서식하는 연어과 물고기로 작고 두꺼운 지느러미와 꼬리 끝을 가지고 식별하며 육질이 희다.

682 Wild Boar [와일드 보어 : 멧돼지] : Wild Pig

683 Wild Duck [와일드 덕 : 들오리]

684 Wine [포도주]

포도를 원료로 하여 만들어지는 양조주의 대표적인 술로서 성질상으로는 Natural Still Wine, Sparkling Wine, Fortified Wine, Aromatized Wine으로, 색깔에 의하여서는 White Wine, Red Wine, Rose Wine, Yellow Wine으로, 맛에 의하여서는 Dry Wine, Table Wine, Sweet Wine으로, 그리고 용도별로는 Appetizer(식사 전 와인), Dessert Wine(식사 후 와인)으로 구분된다.

685 Wine Basket [와인 바스켓] : Wine Cradle [크래들], Pannier [패니어]

와인을 눕혀 담을 수 있는 손잡이가 달린 바구니 또는 바스켓을 의미한다.

그림 234 Wine Basket

686 Wine Celler [와인셀러 : 와인저장실]

실내온도가 섭씨 10~12도, 습도는 75%, 빛이 너무 많지 않고 오직 와인과

술 종류만 보관하는 저장실을 의미한다. 보통 와인셀러는 이러한 환경조
건을 만족시키기 위해 동굴 속에 위치하는 경우가 많다.

그림 235 Wine Celler

687 Wine Decanting [와인 디캔팅]

와인 병을 1~2시간 똑바로 세워둔 후에 촛불 또는 전등을 와인 병목 부분
에 비춰놓고 디캔터(Decanter : 크리스탈로 만든 병)로 옮겨 붓다가 침전
물이 지나가면 정지하여 순수한 와인과 침전물을 분리시키는 작업을 의미
한다.

688 Wine Label [와인 라벨]

상표, 생산자의 이름, 생산지, 포도 품질등급, 포도를 수확한 연도가 상세
히 기재되어 있는 라벨을 의미한다.

그림 236 Wine Label

689 Wine List Number [와인 리스트 넘버]

주문하기 편하도록 샴페인이나 와인 종류별로 번호를 붙여 놓은 것을 의미한다.

690 Winery [와이너리 : 포도주 양조장]

그림 237 캘리포니아 Napa Valley Winery

691 Wine Taste [와인시음]

와인의 맛을 감정하는 것을 의미한다.

692 Workshop [워크숍]

새로운 지식이나 기술을 습득하기 위한 모임으로서 인원수가 30명 내외로 제한되는 회의를 의미한다.

693 Work Station [워크스테이션]

호텔 직원이 일하는 영업장소 개념과 음식을 생산하는 장소를 의미한다.

694 Yield [일드]

제품을 전부 합쳐 구운 전량 또는 계산된 단위의 개수를 의미한다.

695   Young Wine [영 와인]

오랜 기간 숙성하지 않고 1~2년 저장하여 5년 이내에 마시는 포도주를 의미한다.

696   Zakuska [자쿠스카]

러시아어로 애피타이저(Appetizer)란 뜻으로 풍미 있고 짭짜름한 소량의 식욕 촉진제, 또는 술안주를 의미한다.

697   Zest [제스트 : 풍미, 맛]

오렌지나 레몬의 껍질을 의미한다.

698   Ziger [지거]

이탈리아가 원산지인 훼이치즈(Whey Cheese)를 의미하며, 우유나 탈지유를 10% 첨가하면 리코타치즈(Ricotta Cheese)가 된다.

- **[참고]** Jigger [지거] : measure cup, 칵테일 조주 시 사용하는 계량컵

699   Zubrovka [지브로카]

유럽지역에서 자라는 '버팔로(Buffalo : 물소)풀'을 보드카에 담아 연한 황색과 약간의 향을 가미한 술로 보드카와 동일하게 사용된다.

700   Zuppa [추파]

이탈리아 요리에서 수프를 의미한다.

701   Zuppa Inglese [추파 잉글레제]

이탈리아 디저트 요리(후식)의 한 종류이며 커스터드 크림(custard cream)과 초콜릿 크림 등을 스펀지 케이크 사이에 켜켜이 쌓아 만든다. 먹을 때는 스푼을 사용하여 떠먹는다.

Hotel Practice
Terminology

PART 3

호텔 지원부문 용어

Chapter 13

지원부문 용어

1 **Account [거래처]**

호텔 판촉에 있어서의 지정 거래처, 즉 기업, 항공사, 여행사, 대사관 등을 말한다.

2 **Account Balance [계정잔액]**

고객용 계산서의 차변과 대변 가격 잔액 사이의 차이이다.

3 **Account Card [계산서 : Guest Bill]**

고객의 원장 개념으로서 투숙객이 작성한 등록카드에 의하여 계산을 받을 수 있도록 기록 유지를 위한 것이다.

4 **Account Form [계정식 대차대조표]**

원장의 계정계좌와 같이 대차대조표를 좌우 양측으로 나누어 차변 측에는 자산의 항목을, 대변 측에는 부채 및 자본의 항목을 설정하여 양측의 합계를 평균하여 표시한 것을 말한다.

5 **Account Receivable [수취계정]**

회사, 단체, 개인등록 고객 또는 미등록 고객에 대한 외상매출채권으로 호텔의 미지급 청구서가 유예된 계정을 말한다.

6   Account Receivable Ledger [수취계정원장]

개별수취계정 기록의 원장을 말한다.

7   Account Settlement [잔액결산]

호텔의 투숙 고객이나 외부 고객이 고객원장에 미지급된 잔액을 현금이나 신용카드로 지급하는 회계수단이다.

8   Accrual Basic [발생주의]

호텔수익의 인식기준의 한 방법으로서 회계 기간에 수익과 비용이 발생한 사실에 의하여 회계 처리한다. 즉, 당해 기간에 있어서 판매금액 또는 조업도에 따라 발생한 기업의 수익을 현금 수입 유무를 막론하고 "수익이 발생한 사실 자체에 의하여 수익을 인식하는 것이다."

9   Actual Market Share of Hotel [실제시장 점유율]

'호텔의 객실 점유율 수÷경쟁그룹 총 점유 객실 수'로서 산출되며 자사 호텔의 객실점유율 경쟁력을 말한다.

10   Add Change [추가요금]

고객이 퇴숙 정산을 마치고 프런트 캐셔(Front Cashier)에게서 등록 카드가 룸 클럭크(Room Clerk)에게 돌아왔는데도 고객이 가지고 있는 키(Key)가 제출되지 않은 경우 또는 룸 랙 슬립(Room Rack Slip) 기록의 예정출발 시간이 경과된 고객에 대하여는 초과 체제 여부를 확인하여야 하며 상당 기간이 연기되는 경우에 고객이 정산하는 요금형식을 말한다.

11   Advance [전도금]

호텔 객실이나 연회 예약 시에 이용하기 전에 주어지는 계약금과 같은 일부 금액을 말한다.

12 Advance Deposits [선수금]

수취된 선수 수익으로 선수 이자, 선수 객실료, 선수 수수료 등을 말하며, 부채계정이 된다.

13 After Care [애프터 케어]

호텔 행사가 끝나고 1일 또는 2일 후에 행사가 있었던 거래선을 방문하여 행사 시 불편했던 사항이나 불평을 듣고 행사에 대한 감사를 표시하는 것이다.

14 After Departure [이연계정]

고객이 퇴숙(Check-Out)해 버린 후 프런트 회계(Front Cashier)로 온 전표 계산에서 이연계정으로 처리한다는 의미의 용어이며, Late Charge와 같은 의미이다.

15 Agency Ledger [여행사 원장]

여행사와의 거래를 별도로 취급하는 미수금 원장 중의 하나이다.

16 Agency Account [여행사 계정]

여행사가 지급을 보증하는 외상매출계정을 말한다.

17 Airline Account [항공사 계정]

항공사가 지급을 보증하는 외상매출계정을 말한다.

18 Allowance [전일매출액 사후조정]

불만족한 서비스에 의한 가격 할인과 호텔 종사원의 영수증(Bill) 잘못 기재 등으로 고객 계산서 지급 금액을 조정하는 기재 방법이다.

19 Amount Due [어마운트 듀]

고객이 지급해야 할 금액을 말한다.

20 Application for Exchange [환전신청서]

고객으로부터 외화 또는 여행자 수표(Traveler Check : T/C)를 매입할 때 한국은행 공급서류 양식으로서 신청자의 이름, 국적, 주소, 여권번호, 외환의 종류, 매입연월일을 기입하고 서명하게 한 뒤 신청서는 호텔이 보존하고 부본인 외환매입증서는 고객에게 교부하는 양식이다.

21 Approval Code [승인코드]

각 카드마다 카드회사와 회원 사이에 1회 사용 한도액이 계약되어 있으므로 초과 시는 승인번호(Approval No.)를 받아서 카드 전표에 기록한 후 청구해야 한다.

22 Audit [감사]

호텔의 하루 동안 운영된 모든 영업활동, 예를 들어 객실, 식음료, 기타 시설에 관한 계산서가 정확하게 기재되었는지 모든 기록이 정확하게 결산되었는지를 확인하는 업무이다.

23 Authorization Code [승인코드]

호텔 컴퓨터 프로그램에 입력되는 코드로서 어떤 문제의 발생에 대해 처리를 승인하는 신용카드 회사로부터의 문의에 대한 응답코드이다.

24 Authorized Money Exchange [공인환전상]

호텔, 여행업자, 은행 등이 지정되어 여행자에게 외화를 매매하는 장소를 말한다.

25 Average Cost Method [평균원가법]

일정기간 같은 종류의 소비재료가 몇 가지 다른 매입원가로 구성되어 있을 경우에 그 다른 원가를 평균하여 단위가격으로 하는 방법이다.

26 Average Daily Room Rate [일평균객실료]

호텔의 판매가능한 객실 중에서 이미 판매된 객실의 총실료를 판매된 객실 수로 나누어 구한 값을 말한다. ※ 공식 = 당일 총매출액 ÷ 고객이 사용한 총객실 수

27 Average Rate Per Guest [숙박객 평균요금]

당일 객실판매 금액을 호텔의 투숙객 수로 나눈 것으로 고객 수에 대한 객실판매의 평균 요금이다. ※ 공식 = 당일 총매출액 ÷ 객실숙박객 총수

28 Average Room Rate [평균객실료]

공식 = 객실매출액 ÷ 고객이 사용한 총객실 수

29 Balance Sheet [대차대조표: 재무상태표 statement of financial position]

특정시점 기업의 재무상태에 대한 정보를 제공하는 재무보고서로서 기업이 보유하고 있는 자산과 부채, 그리고 자본에 대한 정보를 제공한다. 국제회계기준에서는 Statement of Financial Position이라는 명칭을, 미국에서는 Balance Sheet라는 명칭을 사용한다. 우리나라에서는 과거 국제회계기준 도입 이전까지는 '대차대조표'라는 명칭을 사용하였다.

30 Bank Settlement Plan [은행자동 어음지급방식]

다수의 항공사와 다수의 여행사 간에 발행되는 항공권 판매에 관한 제반 업무(항공권 불출, 판매대금 정산, 매표보고 등)를 간소화하기 위하여 항공사와 여행사 사이에 은행을 개입시켜 해당 은행이 관련 업무를 대행하는 은행집중 결제방식의 제도를 말한다.

31 Black List [불량거래자 명단]

거래중지자 명단으로 불량카드의 정보자료이다. 통제되는 원인으로는 도난이나 분실 또는 연체 등으로서 카드회사에서 작성하여 각 가맹점에 배부한다.

32 Blind Receiving [맹목검수]

검수원에게 사전에 정보가 주어지지 않고 공란으로 된 전표가 주어져서 검수하면서 기입하게 된다. 배달전표와 차질이 생길 때에는 상인이 가격이나 수량을 삭제해 줄 책임이 있다. 이 방법은 검수계원으로 하여금 단순히 배달전표의 내용을 베끼지 않고 각 품목의 수량확인, 무게측정 등 필요사항을 실시할 의무를 부과하는 데 있다.

33 Break Even Point [손익분기점]

비용과 수익이 동일한 매출액을 말하는 것으로서, 즉 일정기간의 총수익의 합계로부터 총비용의 합계를 차감한 금액을 손익분기점이라 하며 도표상에서 총수익선과 총비용선이 교차되는 점을 손익분기점이라 한다.

34 Breakage [브레이키지]

포괄요금(Package)에 포함된 식사 또는 기타 서비스를 고객이 이용하지 않음으로써 호텔 측에 발생되는 소득이며, Breakage Profit라 부르기도 한다.

35 Budget [예산]

호텔 경영상의 한 기간 동안(1년(年))에 수입(收入)과 비용(費用)을 설정하는 것으로 예산계획 수립과정에서 주요 요소는 ① 재무적 목표(財務的 目標), ② 수입 예상(收入 據想), ③ 지출 예상(支出 據想), ④ 예상 순수익(像想 純收益)의 결정(決定)이 있다.

36 Bulk Purchase [대량구매]

일시 대량구매를 의미한다.

37 Capital Arrangement [고정성 배열법]

대차대조표의 계정 배열방법의 하나로 유동성 배열법과 반대의 순서를 택

하는 방법이나 그 어느 경우에 있어서도 이연계정(移延計定)은 자산의 맨 끝에 기재되는 것이 보통이다.

38 Capital Surplus [자본잉여금]

기업회계상 회사의 순자산액이 법정자본액을 초과하는 부분을 잉여금이라고 하는데, 그중 자본거래에 의한 재원을 원천으로 하는 잉여금을 말한다. 자본잉여금은 주식발행초과금, 감자차익 및 기타 자본잉여금으로 구분된다. 주식발행초과금은 경영성적이 우수한 회사가 증자를 위하여 신주를 발행할 때, 액면금액을 초과하여 할증 발행하는 경우가 있는데, 이 액면초과금액을 말하며, 감자차익은 회사가 경영상의 이유로 감자를 하는 경우, 감소한 자본금이 주금의 환급액 또는 결손금의 보전액을 초과한 때, 그 초과액을 말한다. 기타 자본잉여금에는 자기주식처분이익, 합병차익, 기타의 자본잉여금 등이 있다.

39 Cash Bar [캐시 바]

고객이 술값을 현금지급하는 연회장 내의 임시적으로 설치하는 바이다.

40 Cash Basic [현금주의]

손익계산 기준을 현금의 수지에 두어 현금의 수입이 실현된 수익만을 그 수입된 회계기간의 수입으로 계상하고 현금이 지급된 비용만을 그 지급된 회계기간의 비용으로 계상하는 것이다. 이것은 사실상 기업의 수익이 발생하였다 하더라도 현금을 받지 않은 것은 수익으로 회계처리되지 않는다. 이 방법을 채택하는 경우 기간손익계산은 불합리하고 부정확하다.

41 Cash Disbursement [현금지출금]

고객에게 빌려주는 현금으로서 다른 부문의 서비스와 같이 고객구좌에서 계산하는 것을 말한다. Cash Paid-Out과 같은 의미로 쓰인다.

42 Cash Desk [캐시 데스크]

계산대, 카운터를 의미한다.

43 Cash Drawer [금전등록기]

금전 출납을 기록하는 계산기로서 입금 때마다 그 항목과, 숫자가 인쇄 기록되고, 필요에 따라서 영수증을 발급하기도 한다. 숫자는 필요에 따라 가산되고 그 합계가 기록되기도 한다.

44 Cash On Delivery System [캐시 온 딜리버리 시스템 : Self Service System]

좌석회전이 빠르고 메뉴가 단순한 카페테리아(Cafeteria)에서 운영되며 고객이 회계원(Cashier)에게 메뉴항목을 주문하면서 요금을 선납한다. 회계원은 메뉴항목을 식당회계기에 등록한다. 프린트 기기에서 주문서와 영수증을 출력시켜 고객에게 전달하고 고객은 주문서를 주방 또는 바(Bar) 카운터에 제시하고 음식을 제공받아 고객이 직접 운반하는 방식이다.

45 Cash Out [캐시 아웃]

호텔 캐셔(Hotel Cashier)가 수행하는 이 절차는 근무 종료 시 당일의 업무를 마감하여 금액 확인 및 결산을 보고하고 직무를 마치는 것을 말한다.

46 Cash Over and Short Account [현금 과부족 계정]

현금의 과부족을 처리하는 계정을 말한다. 현금 출납사무 및 이에 관한 기장, 계산사무가 적정하고 완전하게 행하여지고 있다면 현금출납장의 잔액과 실제 시재액은 당연히 일치한다. 그러나 실제로는 여러 가지 이유에서 간혹 불일치가 생긴다. 그 불일치의 원인을 철저하게 조사해야 하지만 당일에 장부 마감 시까지 그 이유가 판명되지 않을 경우에 기장 정리상 일시적인 부족액을 이 계정의 차변과 과잉액을 대변에 처리하여 두고 불일치의 원인이 판명되면 그에 따라서 이것을 적당한 계정에 대체한다.

47 Cash Register [캐시 레지스터]

프런트 데스크(Front Desk)에서 현금거래와 수지를 조정하는 데 사용되는
기계를 의미한다.

48 Cash Sheet [캐시 시트]

현금수급에 대한 보고서로서 원장(元帳)이 아닌 오피스 수납원(Front
Cashier)에 의해 통제 및 보관되는 현금수급 기록표인데 Front Office Cash
Sheet라고도 한다.

49 Cash Transactions [현금거래]

현금거래는 전적으로 현금의 수입(收入)이나 지출(支出)이 수반되는 거래
(去來)로서 현금수입을 가져오는 입금거래와 현금지출을 요하는 출금거래
로 구분한다.

50 Cashier's Drop [캐셔 드롭]

영업회계원(식음료, 기타 부대시설 회계원)이 직무 마감 시 프런트 데스크
(Front Desk)에 위치한 예치금(預置金)을 두는 장소이다.

51 Cashier's Report [출납보고서]

교대 종료 시 각 영업장 현금 수납원에 의해서 작성되는 입금액 명세서로
현금 입금봉투에 이를 미리 인쇄하여 사용함으로써 내용을 편리하고 정확
하게 파악할 수 있게 되므로 이를 Cashier's Envelope라고도 한다.

52 Cashier's Well [캐셔스 웰]

계산이 정산되지 않은 고객의 폴리오(Guest Folios) 파일철을 의미한다.

53 Change Booth [체인지 부스]

화폐 교환소를 의미한다.

54 Charge [요금]

요금을 부과하거나 지급을 청구함을 의미한다.

55 Charge Back [고객신용거절]

호텔 고객의 신용카드가 어떠한 이유에 의해서 신용카드 회사(Credit Card Company)로부터 신용카드 후불이 거절되는 것을 의미한다.

56 Charge Collect [차지 컬렉트]

요금을 상대방이 지급하는 방법으로 장거리 전화 등에서 이용되는 제도이다.

57 Checking Machine [체킹 머신]

호텔의 식음료 매상기록 및 관리의 방법을 용이하게 하기 위하여 식당 회계시스템에서 사용하는 금전등록기의 일종이다.

58 Chit Style [치트 스타일]

식음료의 계산서를 영어로는 Check, Chit 또는 Restaurant Bill이라 부른다. 이 계산서로 4 Copy는 주문용과 계산용으로 분류되기도 하고, 개별적으로는 수납원용, 청구겸 증빙용, 주방 주문용, 웨이터 확인용으로 쓰인다.

59 Chit Tray [치트 트레이]

고객에게 잔돈을 거슬러 줄 때 사용하는 작은 쟁반이다.

60 City Journal [시티 저널]

호텔의 외래 고객에 대한 거래의 분개장을 의미한다.

61 City Ledger [미수금 원장]

호텔의 외상매출장으로 특히 비투숙객에 대한 신용판매로부터 발생된 수취원장으로 후불장이라고도 한다.

62 City Ledger Journal [미수금 분개장]

미수금 원장에 기장될 것을 분개, 기록하는 데 사용하는 회계장부를 의미한다.

63 C.O.D [Cash(Collect) on Delivery]

대금교환 및 대금상환을 의미한다.

64 Collect Call [수신자 요금 부담통화]

통화 요금을 수신자가 지불하는 통화 방법을 의미하고, 그 통화는 교환국의 취급자가 수신자의 요금 지불 동의를 확인한 후에 연결하게 되며, 흔히 컬렉트 콜이라고 한다.

65 Collected Bill [콜렉티드 빌]

식음료 계산서 처리 시 아무 이상 없이 정산이 완료된 계산서이다.

66 Commission [수수료]

여행업자가 타 여행업자, 운송업자, 숙박업자 등의 관련업자에게 일정한 행위의 결과 보수로서 얻어지는 취급요금을 말하며, 취급요금이라는 것은 여행업자가 여행업무를 취급함에 있어서 여행자와 그 밖에 여행업자로부터 벌어들이는 여행자의 모집비, 통신연락비, 탑승원의 교통비, 그리고 운송업자나 숙박업자로부터 벌어들이는 수수료를 말한다.

67 Competitive Pricing Method [경쟁가격결정방법]

경쟁가격결정방법은 단순한 가격결정방법으로 시장에 있어서 동일한 상품에 대해서 특히 객실요금을 경쟁기업과 동일한 수준으로 결정하는 방법이다. 이 방법은 만일 경쟁기업이 제공하는 상품과 서비스가 자사의 것들과 같은 수준이라면 이러한 요금제도는 만족할 만한 이익을 창출할 것이다. 현재 외국에서는 브랜드에 따라서 가격이 달라지기는 하지만 호텔 전반에 걸친 객실 및 음식료 가격결정에 채택, 인용되고 있다.

68 Correction [정정표]

프런트 오피스(Front Office)에서 전기의 실수를 기록하여 나중에 야간 감사자(Night Auditor)가 정정하여 금액의 일치 여부를 확인하는 데 사용한다. 이것은 당일 영업 중에 발생하는 오류를 정정하거나 수정하고자 할 때 조정하는 당일 매출액 조정을 의미한다.

69 Cost [원가]

어떠한 목적으로 소비된 경제가치를 화폐액으로 표시한 것을 의미한다.

- 재료비 · 노무비 · 경비로 구성되며, 이를 원가의 3요소라고 한다. 그것은 다시 각 제품에 직접 부과할 수 있는 직접비와 여러 제품의 생산에 대하여 공통으로 쓰이는 간접비로 세분된다. 직접비에 제조에 소요된 간접비를 포함한 것을 제조원가라고 하며, 일반적인 상품은 여기에 관리비용과 판매비용을 더하여 총원가라고 한다. 원가의 측정기준과 내용은 산출목적에 따라 여러 가지로 나누어지는데, 공통되는 것은 급부단위(給付單位)마다 각 가치희생을 집약하여 인식한다는 점이다.

- 원가 중에는 보통 이상적(異常的)인 원인에서 초래된 것은 포함하지 않는다. 재무회계를 목적으로 하는 경우, 원가는 취득원가기준(取得原價基準), 즉 급부의 조달시점에서의 지급대가로 측정된다. 원가계산 및 손익계산상 쓰이는 주요한 원가개념으로는 매입원가 · 제조원가 · 매출원가, 그리고 제품원가 · 기간원가(기간비용)와 관리회계에서 주로 쓰이는 실제원가 · 표준원가 등이 있다.

70 Cost Analysis System [원가분석제도]

호텔 식음료의 원가관리 방법으로 식음료의 원가를 그 성분에 따라 부문별 혹은 원가요소별로 원가분석을 한다. 합리적인 식음료원가관리 개념에 가장 기본이 되는 3가지는 표준량 목록, 1인 표준량, 1인 표준가격 등이다. 3가지 기본요소를 근간으로 메뉴의 구조 및 가격, 재고관리 등을 세분화하여 식음료의 품목별 총판매금액에 대한 원가율을 계산할 수 있을 뿐만 아니라 단위품목의 제조원가분석과 부문원가분석을 하는 것으로서 호텔 원가관리의 한 방법이다.

71 Cost Center [코스트 센터]

원가관리의 필요에서 원가부문을 세분한 원가관리단위로 원가중심점이라고도 한다. 코스트 센터는 가장 단순화된 원가의 집계로 원가의 발생에 대해 책임을 부담시킬 수 있는 범위이며 제조부문에 한하지 않고 보조부문, 판매부문에도 설정할 수 있다. 원가관리를 유효하게 행하기 위해서는 코스트 센터별로 원가의 표준을 설정하고, 각각에 대해 실제원가와 차이분석을 해서 불능률의 발생장소 내지 원인을 정확하게 발견하는데, 이것은 특히 제조간접비의 책임관리에 적당하다.

72 Daily Receiving Report [일일검수보고서]

각 부서별 구매를 의뢰한 물품에 대해 입고 전에 검수담당자가 무엇을(품목), 얼마나(수량), 누구에게서(구매처) 수령하여 어디로 보냈는지(행선지, 보관장소)에 대한 내용을 명확히 문서에 기록한 보고서이다.

73 Daily Report [일일보고서]

호텔의 각 부서별 수익과 비용을 그 당일에 기록하여 일일 경영이익을 산출할 수 있도록 만든 회계보고서를 의미한다.

74 Debit [차변]

수취계정에서 증가(+)를 나타내는 회계용어로 '대변'의 반대개념을 의미한다. 호텔에서 차변에 기입되는 거래에는 매출(객실요금, 식음료 요금, 기타부대시설 이용요금)발생, 봉사료(Service Charge) 및 부가가치세(VAT)의 부과, 고객의 선납금(Advance Pay)에 대한 잔액환불 등이 있다.

75 Deferred charge [이월된 객실요금]

당일 객실영업마감이 끝난 뒤에 투숙하는 고객의 경우 당일 매출액을 다음 날 매출액으로 넘겨서 처리하는 것을 의미한다. 즉, 객실판매는 전날에 이루어졌지만 전날 매출액에 포함되지 않았으므로 다음 날 그 객실이 다시 판매된 경우 회계상에는 이중판매(Double Sales)가 된 것으로 간주하게 된다.

76 Depreciation [감가상각]

고정자산의 가치는 시간의 흐름에 따라 경제적 가치가 감소한다고 보아 이를 감가액으로 추정된 요금을 그 기간의 비용으로 계산하고 그 금액만큼을 매기 일정한 계산방식으로 적립하게 된다. 이렇게 함으로써 고정자산에 투자한 자본을 일정한 계산방식에 의해 회수할 수 있게 된다.

77 Direct Mail [다이렉트 메일] : DM

호텔의 판촉담당직원이 고객을 유치하기 위해 호텔의 홍보내용 및 혜택사항(Incentive)이 담긴 다양한 형식의 우편물을 고객의 집이나 거래처, 여행사, 각종 사회단체 등에 발송하는 것을 의미한다.

78 Earned Surplus [유보이익] : Retaining Earning

기업이 정상적인 영업활동에서 얻어진 잉여금, 즉 손익거래에서 생긴 잉여금을 의미한다.

79 Employee Folio [직원용 관리계정]

호텔 내에서 직원이 고객관리 또는 판촉을 위하여 사용하는 경우에 발생되는 회사로부터 허가된 계정을 의미한다.

80 EMS [에너지 관리시스템] : Energy Management System

호텔 내 기계장비운영을 자동적으로 관리하도록 설계된 컴퓨터화된 통제시스템이다.

Hotel Practice Terminology

Chapter 14
지원부문 용어

81 Engineering Department [시설관리부, 영선부]

호텔 시설의 보수 및 유지를 위한 기술적 업무를 담당하는 부서를 말한다. 전기실, 기계실, 영선실, 목공실, 음향실 등으로 구성되어 있으며, 호텔 방화관리 및 안전관리에 대한 업무도 담당한다.

82 Expected Market Share of Hotel [예상 시장점유율] : EMSH

'자사 호텔의 판매가능객실 수 / 경쟁호텔의 총 판매가능 객실 수'를 의미한다.

83 Financial Statement [재무제표]

대차대조표(일정 시점의 기업의 자산 부채 및 자본상태를 보여주는 표)와 손익계산서(일정기간 동안의 기업의 수익, 비용 및 손익 등의 경영성과를 보여주는 표) 등을 의미한다. 그 밖에 원가계산서, 잉여금 처분계산서, 재무상태변동표, 각 부속명세서 등이 포함된다.

84 Fixed Assets [고정자산]

판매목적이 아닌 호텔이 장기간 영업활동에 이용하고자 취득한 각종 자산을 의미한다. 이것은 토지, 건물과 같은 유형고정자산과 특허권, 상품권, 영업권과 같은 무형고정자산으로 분류된다. 호텔의 자산구조에서 가장 중요한 계정과목이다.

85 Fixed Percentage of Declining-Balance Method [정률법]

연도별 감가상각비를 계산하는 방법이다. 계산방법은 고정자산의 장부가액×감가상각정률(장부가액 = 취득원가 − 감가상각충당금)이다. 정률법을 이용하면, 매년 감가상각비는 내용 연수가 늘어날수록 감소하게 된다.

86 Forecast [예측]

과거의 영업실적을 바탕으로 현재를 기준으로 미래에 대한 수요 및 영업을 예측하는 것을 말한다. 월별, 분기별, 연도별로 구분하여 실시한다.

87 FY [회계연도] : Fiscal Year

예산은 보통 1월 1일부터 12월 31일까지 1년을 기준으로 설정하며, 이 기간을 회계연도라고 한다. 대부분 호텔은 매년 1년 단위로 회계연도를 설정하여 운영하고 있다.

88 Garbage Room [쓰레기장]

호텔의 모든 폐기물을 분리수거하여 보관하는 곳이다.

89 General Cashier [제너널 캐셔, 회계주임]

영업 당일 발생하는 현금 결제계정을 총괄하는 역할을 한다. 각 영업장의 캐셔(Cashier)들에게 각 영업장의 영업시작 전 당일 소요될 현금을 지급하고 영업 마감 이후 지급된 현금을 모두 수합하고 관리하는 업무를 담당한다.

90 G.A.M [총 평균법] : Gross Average Method

출고 시에는 수량만 기입해두고, 일정 기간에 대한 매입총액을 매입 총수량으로 나누어 총 평균값을 구한 다음, 그것을 매출 또는 소비단가로 계산하는 방법이다.

91 G.O.P [총영업이익] : Gross Operation Profit

92 G.O.R [총매출액] : Gross Operation Revenue

93 Historical Revenue Report [수익기록 보고서]

호텔의 과거부터 현재까지 모든 수익발생 부문에 대한 실적을 전반적으로 나타내는 보고서이다. 금년, 금월, 금일의 실적을 전년 동기 대비하여 비교하여 함께 볼 수 있도록 작성된다.

94 Horwath Method [호워드 객실가격 결정방법]

객실당 건축비를 기준으로 객실가격을 결정한다는 방법이다. 객실당 건축비의 1/1,000이 평균객실료(Average Room Rate)가 된다는 이론이다. 이 이론은 1930년대 Howarth and Horwath 호텔회계법인이 사용하였으며, 미국 시카고의 파머하우스가 이 방법으로 객실가격을 결정한 첫 호텔이 되었다. 그 이후 대부분의 호텔들에게서 이 방법이 사용되었으며 국내에서도 반도호텔과 조선호텔이 이 방법을 사용하기도 하였다.

95 Hotel Charter [호텔 헌장]

호텔의 기업이념(Mission Statement)과도 같은 의미로 호텔경영에 있어서 중심이 되는 경영기본이념을 문서화한 것을 의미한다.

96 Hotel Classification [호텔등급]

우리나라 관광호텔에 대한 등급은 1970년에 처음 시작되었으며 이후 개정화 작업을 거치면서 관광진흥법상에 관광숙박업 등급을 특1급, 특2급, 1급, 2급, 3급의 총 5개 등급으로 정하고 등급의 구분표시를 무궁화의 개수로 정한 바 있다. 이후 2015년에 법이 개정되면서 호텔등급은 현재 무궁화가 아닌 별의 개수를 기준으로 구분하고 있으며 이는 5성, 4성, 3성, 2성, 1성의 총 5개 등급으로 구분하고 있다. 호텔의 등급기준 및 심사기관은 국가별로 상이하며, 우리나라는 현재 국가기관(한국관광공사 호텔업등급결정사무국)에서 하고 있지만 다른 나라의 경우에는 국가기관뿐 아니라 민간기업도 호텔등급심사에 참여하기도 하며, 별 혹은 다이아몬드 등으로 구분하여 호텔등급을 결정하고 있다.

그림 238 호텔등급별 표지의 종류(호텔업등급결정사업 홈페이지)

97 Hotel Cost Analysis System [호텔 원가분석시스템]

호텔 식음료 원가관리방법을 의미한다. 호텔 식음료의 원가를 원가관리의 기본인 표준량 목록, 1인 표준량, 1인 표준가격으로 구분하여 그것을 기준으로 메뉴의 구조 및 가격, 재고관리 등을 세분화한다. 이러한 방법은 식음료 품목별 총판매금액에 대해 원가의 비율을 알 수 있게 해주며, 단위품목의 제조원가분석 및 부문원가분석을 할 수 있게 한다.

98 Hotel Direct Cost [호텔 직접비]

호텔원가에 있어 어느 특정부문에 직접 부과되는 원가를 말한다. 호텔 직접비로는 직접재료비, 물품비, 부문인건비, 직접경비 등이 있다.

99 Hotel Fixed Cost [호텔 고정비]

호텔의 매출액이나 업무량에 관계없이 고정적으로 소비되는 원가를 의미한다. 호텔 고정비로는 정규 직원의 인건비, 재산세, 공공장소에 대한 전열비(전기 및 난방비) 등이 있다. 호텔은 그 특성상 고정비의 비율이 매우 높은 편이다.

100 Hotel Indirect Cost [호텔 간접비]

발생한 원가나 비용이 2가지 이상의 수익부문에서 발생하는 영업활동을 위해 쓰이는 경우 이를 간접비라고 한다. 즉, 발생한 원가나 비용을 어느 특정 부문에 직접적으로 배부할 수 없는 원가를 의미한다. 가령, 경비원의 급여나 보험료, 감가상각비 등이 이에 속한다.

101 HICS [호텔정보처리시스템] : Hotel Information Control System

호텔에서 발생하는 다양한 고객관련 사항이 실시간(real-time)으로 변화하며 적용되도록 처리하는 정보처리시스템을 의미한다. 가령 회계처리시스템, 고객관리시스템, 예약정보시스템 등이 그것이다. 이러한 시스템들은 고객에게 상품을 판매하는 직접적인 기능 이외에도 시스템관리, 지원부서의 자료처리업무, 각종 업무관련 자료작성 및 경영진의 업무보고를 위한 자료작성업무 등을 처리할 수 있다.

102 Hotel Price Policy [호텔요금정책]

호텔의 객실, 식음료 등 각 부문별 요금을 정하는 중요한 의사결정 중 하나이다. 호텔객실의 요금은 호텔의 등급과 서비스 수준을 반영하고 호텔의 수익성과 이미지를 결정하는 문제가 될 수 있으므로 판매증진을 위한 최적의 적정가격을 책정할 수 있도록 노력하는 것이 중요한다. 또한 식음료 요금정책에 있어서도 식재료의 원가계산에 기초하여 호텔의 수익성 및 판매증진을 고려한 최적의 가격을 결정할 수 있어야 한다.

103 Hotel Representative [호텔 대리인] : Hotel Rep.

호텔 체인의 경우 호텔이 있는 지역 이외의 타 지역에서 호텔을 대표하여 예약을 받거나 홍보업무 등을 하는 사무소를 운영하는 경우가 있는데 이 경우를 Hotel Rep.이라고 한다. 가령, 제주 S호텔의 예약판촉사무소를 서울에 두고 운영하는 경우가 그 경우에 해당한다고 볼 수 있다. 이러한 호텔 렙은 호텔 1개에 대한 대리 업무를 취급하는 경우도 있지만, 여러 개 또는 호텔 체인 전체의 예약업무를 취급하는 사무소의 형태도 있다.

104 Hotel Variable Cost [호텔변동비]

고정비와 상반되는 개념으로 호텔의 매출액, 업무량에 따라 변동하며 적용되는 비용을 말한다. 예를 들어 식음료의 재료비의 경우에는 판매량에 따라 다르게 적용되기 때문에 변동비라고 할 수 있다.

105 Hotel Voucher [호텔 바우처]

여행사를 통해 호텔 객실을 예약하는 고객의 경우는 지불을 호텔에 하는 것이 아니라 여행사에게 먼저 지불하고 호텔에 도착하게 된다. 이때 여행사 측에 비용을 지불하였다는 것을 증명할 수 있는 증빙자료를 여행사 측에서 발급해주게 되는데 이것이 바로 바우처이다. 고객은 이 바우처를 반드시 호텔 체크인 시 호텔 프런트에 제출해야 하며, 호텔은 이 바우처를 가지고 고객이 체크아웃 한 이후 여행사 측에 비용을 청구할 수 있게 된다. 바우처에는 고객의 성명, 투숙일정, 객실타입, 여행사 이름 및 연락처 등이 적혀 있다.

106 Hotelier [호텔리어]

호텔에 근무하는 직원을 통틀어 부르는 말이다. 호텔의 직책 및 부서에 관계없이 모두 호텔에서 근무하는 직원이라면 호텔리어라고 할 수 있다.

107 House Doctor [하우스 닥터]

호텔과 계약을 맺고 근무하는 담당의사이다. 호텔 내에 상주하면서 근무하는 경우도 있으나 응급환자가 발생하였을 때에만 호출하는 경우도 있다. 의사 대신에 간호사가 상주하는 호텔도 많이 있어 응급환자 발생 시 응급조치를 할 수 있도록 하고 있다. 주로 호텔 내 운동시설(fitness center)에서 건강관리센터를 운영하면서 간호사 및 의사가 상주하는 경우가 대부분이다.

108 House Profit [호텔 순이익] : House Income, Hotel Income

소득세를 공제하고 난 영업부문의 순이익을 말한다. 점포 임대수입은 호텔 순이익에서 제외되지만 세금, 임대로, 지급이자, 보험 및 감가상각비는 공제된다.

109 Hubbart Room Rate Formular [후버트 객실요금방식]

Roy Hubbart가 연구하고 미국의 호텔 및 모텔협회(AHMA : American Hotel & Motel Association)가 전파한 객실요금 산정방식이다. 이 방법은 객실요금을 연간 총경비, 판매가능한 객실 수, 객실점유율 등을 기준으로 연간 목표이익을 먼저 세우고 이를 달성할 수 있는 객실요금을 산정하는 방법이다.

110 Imprest Petty Cash [소액현금 지급]

소액현금을 자주 결제하는 번거로움을 없애기 위한 방법의 하나로 소액현금을 조정하는 방법이다. 즉, 소액환은 현금지급으로 지급되고 일정기간을 정해 정기적으로 상환하는 것을 의미한다.

111 Incentive Pay [장려금] : Bonus

직원의 업무성과가 좋은 경우 이를 격려하고 칭찬하기 위해 지급되는 장려금이다.

112 Incentive Tour [포상관광]

직원의 업무성과를 격려하고 칭찬하기 위해 회사에서 제공하는 무료여행을 말한다.

113 Income Audit [수입감사]

전날 발생한 매출 및 현금수입액에 대한 집계와 감사이다. 즉, 하루 전날 발생한 각 영업장 부문별 매출보고서 및 감사보고서를 토대로 호텔의 모든 수입금이 회계처리규정에 의해 타당하게 처리되었는지를 확인하고 오류나 탈루가 없는지 여부를 확인하는 것이다.

114 Incidental Bill [개인계산용 내역서]

단체 호텔투숙객인 경우 단체 식사 및 객실료의 요금은 단체에서 일괄 지불하고 그 외에 개인적으로 제공받은 서비스에 대하여 발생하는 내역에 대해서는 각자 개인적으로 지불하는 것을 원칙으로 한다. 그 경우 개인적으로 발생한 지불내역서를 가리키는 말이다.

115 Income Auditor [영업회계관리자] : Income Controller

호텔의 모든 수입에 대한 최종적인 감사책임을 진다. 일반적으로 수입회계는 프런트 오피스 캐셔(cashier) 또는 야간 감사(Night Auditor)에 의해 처리된다. 객실수입은 Room Count Sheet로 확인하며, 각 부문별 수입액은 수입일계표나 전표를 토대로 관리하게 된다. Income Auditor는 등록카드(Registration card)나 증빙서류, 레스토랑 계산서, 전화전표 등을 검증하고 확인하는 일을 한다.

116 Income Statement [손익계산서] : I/S

일정 기간 동안의 기업의 경영성과를 나타내는 회계보고서이다. 경영성과는 일정기간의 수익과 비용을 대응시켜 계산하게 된다. 수익과 비용의 차액을 계산하여 수익이 더 많이 발생한 경우를 '(순)이익이 발생했다'고 하고, 비용이 더 크게 발생한 경우를 '(순)손실이 발생했다'고 한다.

117 Incompatible Function [인컴패터블 펑션]

회계관리에서 특정인 혹은 특정부서가 업무수행에 있어 오류를 범하거나 부정행위를 할 수 없도록 하는 기능을 말한다.

118 Invoice [송장]

거래 품목의 명세표시와 청구를 위한 기능을 한다. Invoice에는 거래당사자, 목적물, 거래가액, 부가가치세액, 거래일자, 주문서 일련번호 등을 표시하게 된다. 송장은 원본과 사본으로 구분하는데, 원본은 검수보고서를 작성하는 데 필요한 자료로 활용하게 되며 이후에 원가관리부서로 다시 보내져 심사 및 원가 삽입의 과정을 거쳐 다시 경리부로 보내져 대금지급을 의뢰하게 된다. 또한 사본의 경우는 검수부서, 물품수령처(창고 또는 주방), 구매부, 납품업자에게 보내져 재료관리, 통계, 증빙용 등으로 사용된다.

119 Job Description [직무명세서]

각 직책에 있는 직원이 해야 할 업무내용이나 책임사항을 세부적으로 나열하여 문서화한 것을 말한다. 이는 직원에게 업무를 지시하기 위해 사용하기도 하며, 신입직원의 교육 보조 자료로 사용되기도 한다.

120 Journal Entry [분개] : Journalizing

발생한 거래를 최초로 분개장 등 장부에 기록하는 과정이다. 즉 구체적인 계정과목과 금액을 정하며, 기록장소를 결정하는 거래에 대한 최초의 회계기록이라고도 볼 수 있다. 분개를 위해서는 각 거래내역에 대해 계정과목과 금액을 결정하고 차변과 대변 중 어디에 기입할 것인지도 결정해야 한다. 차변은 왼쪽에, 대변은 오른쪽에 각각 계정과목과 금액을 표기한다.

121 LIFO [후입 선출법] : Last In First Out Method

선입선출법과 반대로 최근에 매입한 것부터 소비해 가는 것으로 보고 계산하는 방법을 의미한다.

122 Market Average Rate System [시장평균환율제도]

원화의 대미 달러 환율을 전일의 외국환은행의 평균환율로서 산출된 시장평균환율로 결정하여 외국환은행들의 대고객거래 및 은행 간 외환거래에서 기준환율의 역할을 수행하도록 하는 제도를 의미한다.

123 Master Account [그룹 원장] : Master Folios

컨벤션 및 관광단체를 위해 작성되는 원장을 의미하며, 단체 고객에게 청구할 수 있는 요금인 외상매출금을 기장 계산한다.

124 Material Cost [재료비]

호텔이나 레스토랑 사업체에서 식음료 비용을 말하는 것으로 음식, 술 등의 비용을 의미한다.

125 Mixed Transaction [혼합거래]

교환거래와 손익거래가 동시에 발생하는 거래를 의미한다.

126 Month to Date [먼스 투 데이트 : MTD]

당월 합계로 특정 월별, 특정 일별을 위한 수입과 지출을 나타내는 회계상의 합계를 의미한다.

127 Moving Average Method [이동평균법 : MAM]

매입하였을 때 수량 및 금액을 먼저의 잔액에 더하여 새로운 평균단가를 산출한다.

128 Net Profit [순수익]

'총수익(Gross Profit) − 비용(Expenses) = 순수익(Net Profit)'을 의미한다.

129 Night Audit [야간 감사]

호텔은 1일 24시간 영업을 하기 때문에 정기적으로 당일의 영업 판매금액에 대한 감사가 필요하다. 그러므로 야간 근무 수취계정금액(Accounts Receivable)을 마감하여 잔액의 일치를 검사하는 야간 회계감사 업무를 의미한다.

130 Night Audit Formula [야간 감사 공식]

호텔에서 야간 감사 공식은 거의 같다고 할 수 있다.

Opening Balance + Charges − Credits = Net Out − Standing Balance

131 Night Auditor [나이트 오디터 : 야간 감사자]

야간 감사자는 수입감사실의 지시를 받으며 영업장 부문별로 당일의 매상 수입을 마감하여 정산하는 일을 맡는다. 야간 감사자의 고유 기능은 수취 계정의 총잔액과 개별원장의 비교 검증, 개별원장의 대변, 차변 기록과 청 구액의 정확한 검증, 당일 수입일람표 작성 등이 있다.

132 Night Auditor's D Card [야간 감사자의 디카드]

야간 감사자가 체킹 리스트(Checking List)에 따른 점검 도중 오기나 기장 누락 등 잘못을 발견해낸 경우 작성하여 제출하는 카드를 의미한다.

133 Non-Guest Folios [논 게스트 폴리오]

호텔 내에서 외상구매권을 갖고 있지만 호텔에 고객으로 등록되어 있지 않은 개인들을 위하여 작성한 것으로 이러한 개인들은 헬스클럽 회원, 단 골회사 고객, 특별회원, 지역유지들이 포함된다.

134 Opening and Closing Stock [기초 기말 재고]

식음료 가격을 결정하는 데 있어서 재고품의 가치가 결정되어야 한다. 그 리고 재고품 가치 파악 후 주방으로 들어오는 음식가격을 추가하여야 한 다. 음식을 제공하고 난 뒤 남은 재고가치는 공제되어야 하며 이것이 재고 마감이다.

135 Organization Expenses [창업비]

새로운 호텔의 설립준비에 소요된 기초적 지출이다. 정관 및 제 규칙작성 비, 설립등록비, 창립사무비, 창립총회비 등 외에 주식발행비가 포함되는 데 이것은 이연자산에 속한다.

136 Over & Short [오버 앤 쇼트]

캐셔가 보유한 현금과 계산상의 현금이 많고 적음을 의미한다. 항상 실제 현금과 계산상의 현금은 일치하여야 한다.

137 Paid [현금결제]

현금계산으로 호텔 요금의 현금지급을 의미한다.

138 P&L [손익계산서] : Profit and Loss Statement

기업의 경영성과를 명확하게 하게 위하여 한 회계기간에 발생한 모든 수익과 이에 대응하는 모든 비용을 기재하고 그 기간의 순이익을 계산 표시하는 회계 보고서이다.

139 PMS [자산관리시스템] : Property Management System

프런트 데스크와 백오피스 사이에 원활한 기능을 위해 고안된 호텔 컴퓨터 시스템이다.

140 POP [Point of Purchase Advertising]

식음료부서, 연회장소, 선물가게 등의 서비스를 광고할 때 많이 사용하며 눈에 띄는 장소, 즉 엘리베이터, 객실, 로비 등에 광고문을 붙여놓음으로써 고객에게 알리는 광고이다.

141 Portion Control [포션 컨트롤]

영리적인 식당업체에서 이용되는 관리방법으로서 식음료의 원가통제와 모든 고객에게 균등량을 제공하기 위한 통제수단을 의미한다.

142 Portion Cost [포션 코스트]

1인분 식료에 대한 표준원가. 1인분 혹은 1회 분량의 재료의 원가를 의미한다.

143 POS [Point of Sales]

점포에서 매상시점에 발생하나 정보를 컴퓨터가 수집할 수 있도록 입력하는 기기이다.

144 Posting [포스팅: 전기]

분개한 것을 각 계정에 옮겨 기록하는 것을 전기라고 하며, 전기하는 방법은 차변과목은 해당 계정 차변에, 대변과목은 해당 계정 대변에 기입한다.

145 Posting Machine [포스팅 머신]

거래 업무에 따른 금액을 기록하는 데 사용되는 등록 기계이다.

146 Profit and Loss Transactions [손익거래]

수익이나 비용이 발생하는 거래를 의미하며, 손익거래는 당기순이익에 영향을 미치는 거래이다.

147 Property [호텔 자산]

인적, 물적 요소를 포함하는 호텔의 모든 자산을 의미한다.

148 Psychological Pricing Method [심리학적 가격결정방법]

한정되어 있거나 희소가치가 있는 시설과 서비스에 대해 호텔의 경영진이 의식적으로 가격을 결정하는 방법이다.

149 Purchase Order [구매발주서]

구매청구서가 물품을 청구한 부서로부터 구매부서의 담당자에게 도착하면 구매발주서가 작성되는 것으로 물품을 청구하는 부서에 원하는 물품을 제공하는 단계이다.

150 Purchase Request [구매청구서]

저장창고에 필요한 아이템 구매 시 의뢰서를 작성하여 구매부서에 전달하는 양식서를 의미한다. 구매청구서에는 필요한 아이템과 필요한 수량의 질, 주문한 아이템 입고 날짜, 구매를 요구하는 부서가 기록되어 있다.

151 Purchase Specification [구매명세서]

호텔 식음료 자재 및 기자재의 특정한 아이템의 질, 크기, 등급 등을 표준화하여 그 내역을 기록한 것. 육류, 생선, 과일, 채소 등에 많이 쓰인다. 구매명세서를 이용함에 있어서 장점은 아이템 주문이 용이하며 주문상에서 생기는 실수와 오해를 해소시키며, 고객에게 제공되는 음식의 질을 계속 유지하며 원가관리가 용이하며 구매업무를 효율적이고 신속하게 할 수 있다.

152 Purchasing [구매]

호텔의 모든 식음료 및 기자재, 가구, 비품류 등을 구입하는 것을 의미한다. 최대한의 가치효율을 창출하기 위하여 호텔 전부서의 긴밀한 의사소통과 엄격한 통제의 바탕에서 이루어진다. 상품구매는 상품의 질이 좋고 필요한 양을 저렴한 가격으로 구매하는 것이 구매부의 주요 업무이며 구매된 물품은 검수실에 의하여 구매청구서에 따라 품목, 수량, 가격, 질 등을 검사하는 절차가 필요하다.

153 Quality Assurance [QA]

호텔에서 고객에게 끊임없는 최상의 서비스를 제공하기 위한 운영적이며 관리적인 접근 방법을 의미한다. 호텔 매뉴얼에 따라서 각 부서의 평가와 측정에 의해서 관리된다.

154 Quality Control [품질관리]

호텔에서의 품질관리는 최고의 서비스를 위해서는 표준적인 상품의 질을 유지하여야 하기 때문에 필요하다. 더 나아가 서비스 개선점을 발견하는

데 용이하다. 고객에게 그들이 기대하는 만큼의 표준적인 품질의 서비스
상품을 제공함으로써 고객의 만족도를 극대화할 수 있다.

155 Receiving [식품검수]

식품검수의 주요 목적은 공급업자로부터 배달된 상품을 주문한 대로 정확
한 질과 양을 견적가격대로 확실하게 수령하는 데 있다.

156 Register Reading Report [레지스터 리딩 리포트]

식당회계 시스템에서 전날까지의 판매고와 당일까지의 판매합계를 기록
한 회계 보고서를 의미한다.

157 Register Sheet [레지스터 시트]

회례처리에 대한 감사를 하기에 편리하도록 한 장씩 낱개로 만든 회계등
록 양식을 의미한다.

158 Requisition Form [리퀴지션 폼 : 청구서]

호텔 물품을 받기 위한 양식으로 청구서에는 허가를 받은 사인이 있어야
하며 물품 청구 후 하루에 한 번 담당부서에 보내지며 엄격한 재고변동관
리에 필요하다.

159 Revenue Center [수익부문]

호텔영업의 결과, 직접적으로 수익을 가져오게 하는 영역들을 의미한다.
서비스를 제공하여 수익을 발생시킨다는 데 공통적인 특징이 있다. 예를
들면 식당, 바, 라운지, 교환, 객실부서 등과 같이 매출액을 수익으로 계상
하는 영업부문이라고 할 수 있다.

160 Revenue Report [수익보고서]

야간 감사자가 작성하는 것으로 객실점유율, 평균객실요금, 2인 이상 사용
객실률 등을 주된 내용으로 하는 보고서이다.

161 Room Rate Sales Mix [객실판매율의 믹스]

객실 판매와 관련된 사항들을 경영자에게 제공하는 것으로 고객의 수, 객실형태, 객실요금 등을 타 호텔과 비교한 통계자료 즉 세분화된 정보자료이다.

162 Room Revenue [객실매출액]

당일의 객실매출액을 Room Earning에서 찾아서 총객실매출액 비율을 산출한다.

163 Sales Promotion [판매촉진]

기업이 자사 제품이나 서비스의 판매를 위하여 수행하는 모든 촉진활동을 포함한다.

164 Security Bond [유가증권]

시장성이 있는 국채, 공채, 회사채, 그리고 주식 등을 의미하며, 지하철공채, 주책채권과 같이 법률상 매입이 불가피한 국채, 공채, 그리고 단기적 자금운용 목적으로 보유하는 경우와 장기적 투자 목적으로 보유하는 경우가 있다.

165 Separate Taxation [분리과세]

종합과세에 대응하는 과세방법으로서 소득세법상 과세되는 소득 중 특성소득을 종합과세에서 분리하여 소득지급 시마다 특정세율을 적용하여 별도로 과세하는 것을 의미한다. 납세의무자인 과세주체에 귀속될 모든 과세소득 중 특정한 소득에 대해서는 다른 소득과 합산하지 않고 동 소득만을 지급 시마다 독립적인 과세표준으로 하고 특정한 세율을 정용하여 원천징수함으로써 납세의무를 종결시켜 주는 것을 의미한다.

166 Share Stock [주식]

주식회사의 자본을 이루는 단위로서의 금액 및 그 것을 전제로 한 주주의 권리, 의무(주주권)를 의미한다.

167 Skipper Bill [스키퍼 빌]

고객이 호텔이용 시 금액을 미납하거나 도주하였을 경우 담당지배인이 부서장의 결재를 받아서 매출에서 처리하는 형태의 빌이다.

168 Small Charge [스몰 차지]

동전, 소액 화폐, 잔돈을 의미한다.

169 Source Document [원시자료]

거래의 기록을 위한 원시자료를 의미한다.

170 Source of Funds [자금의 원천]

부채와 자본의 순증가액을 말하는 것으로서, 자금 조달 방법에 따라 자기자금과 타인자금으로 구분할 수 있으며, 자기자금에는 증자, 내부유보, 감가상각비, 충당금이 속하며, 타인자금에는 장기차입금, 단기차입금, 매입채무, 그리고 기타항목이 속한다.

171 Special Consumption Tax [특별 소비세 : S.C.T.]

사치성 오락물품을 구입하거나 특정한 장소에 출입하는 행위 등에 대하여 과세하는 세금을 의미한다.

172 Specific Cost Method [개별법]

출고된 식품재료의 매입 원가를 각각 소비단위로 계산하며, 같은 물품에 있어서도 매입단위가 다르면 별도로 보관하고 출고하여야 하는 불편과 그 계산이 복잡하기 때문에 일반적으로 이용되지는 않는 방법이다.

173 Standard Food Cost Report [표준식료원가보고서]

효과적인 식품관리 업무의 수행을 위해 작성하는 보고서로 당월의 식료원가의 실적과 총체적인 내용을 나타낸다.

174 Standard Glassware [표준 글라스웨어]

특정한 아이템에 대하여 특정한 표준 잔이 필요하기 때문에 표준 드링크 레시피에 제시된 또는 표준 드링크 사이즈에 적절한 잔을 사용해야 한다.

175 Standard Purchasing Specification [표준구매명세서]

호텔의 모든 물품에 대한 수요, 공급을 정확하고 자세한 사항들을 명백하게 기록한 명세서로서 호텔 구매자, 외부 공급자, 호텔 수령자가 필요하며 일관된 품질을 지속할 수 있기 때문에 품질관리 통제에 가장 적절한 방법이다.

176 Standard Recipes [표준조리기준]

호텔 레스토랑 사업에서 매우 중요한 Food Cost에 필요한 항목으로서, 어떻게 어디서 책정되는가는 호텔 조리시설에 달려 있다. 일정한 품질의 양과 식음료를 만들기 위한 지침이 되며, 거듭된 정확한 시험을 거친 후 결정되며, 재료의 수량을 기록하고, 조리 준비과정이나 메뉴를 완성함에 있어서 1인분의 양을 조절, 통제하는 데 아주 유용하게 사용된다.

177 Standard Yield [표준산출량]

조리나 준비과정상의 감소나 낭비를 최소화함으로써 재료의 원가를 관리
하는 목적에서 수립되는 능률적인 생산량 표준으로서 한 품목의 준비단계,
카빙단계, 조리단계의 절차에 의해서 가공될 때 생기는 산출을 의미한다.

178 Statement of Changes in Financial Position [재무상태변동표]

기업의 재무상태의 변동내용을 명확하게 보고하기 위하여 그 회계기간에
속하는 순운전자본의 조달과 사용내용을 나타낸 표이다.

179 Stock Card [재고카드]

Bin Card와 근본적으로 비슷한 목적을 가지고 있지만, Store Ledger Card
로도 불리는 재고카드는 재고량의 변화뿐 아니라 가치의 변화까지도 기록
한다는 차이가 있으며, 재고의 가치가 유용한가를 나태내기 때문에 매우
중요하다.

180 Stock Ledger [재고원장]

주로 창고에 저장되어 있는 식음료 및 집기류 등 재고 시 원장으로 효과
적인 재고관리를 위해서 필요하며, 재고원장의 기장은 청구서를 수령하여
물품을 출고하였을 때, 재고기록과 물품을 구매하였을 때에 입고기록을
하며 재고 원장의 잔고는 실제 재고수령과 동일해야 한다.

181 Stock Rotating [재고순환]

오랜 기간 저장하여 그 맛과 향취를 잃게 해서는 안 된다는 원칙에 의거하
여 입고 순서대로 판매하는 것을 의미하며, 입고된 상품에 입고날짜를 표
시하여 날짜순으로 선입선출법을 사용하여 신선도를 유지해야 한다.

182 Straight-line Method [정액법]

직선법, 균등상거법이라고도 불리며, 고정자산의 내용연수 동안 매기 동일한 금액을 감가상각비로 비용화하는 방법으로서 가장 간편하고 이해하기 쉽기 때문에 보편적으로 이용되는 방법이다.

183 Sub-Total [소계]

레스토랑의 계산서에 고객이 주문한 식음료 및 기타 요금의 합계를 의미하며, 봉사료(Service Charge)와 세금(VAT)이 부과되기 전의 단가의 합계를 의미한다.

184 Sundry [잡수입]

장부에 두드러진 명목의 계정이 없는 수입 또는 정상적인 수입 외에 생기는 기타 수입을 의미한다.

185 Supplementary Correction [서플리멘터리 코렉션]

미드나이트 차지(Midnight Charge), 취소요금(Cancellation Charge), 초과요금(Over Charge), 그리고 분할요금(Part Day Use) 등이 발생할 경우 고객원장 및 관련보고서에 새로 발생된 금액을 추가하여 전체 매출액을 조정시키는 수정작업 업무를 의미한다.

186 Surplus [잉여금]

일정시점에 있어서 자본금을 초과하는 부분, 즉 법률상의 자본 이외의 부분을 총칭하는 것으로 그것이 발생한 원인에 따라서 자본잉여금과 이익잉여금으로 구별된다.

187 Sales [세일즈]

호텔이 적극적인 고객의 유지를 위해서 항공사, 여행사, 혹은 호화여객선회사와 공동으로 단일요금으로 된 여행상품을 개발하여 판매하는 것을 의미한다.

188 Sales Promotion [판매촉진]

기업이 자사제품이나 서비스의 판매를 촉진하기 위해 수행하는 모든 촉진 활동을 포함한다.

189 SCEECHH Spirit [스키즈 정신]

호텔종사원이 지켜야 할 자격 조건 또는 식당 종사원이 갖추어야 할 7대 요건—Service(봉사성), Cleanliness(청결성), Efficiency(효율성), Economy(경제성), Courtesy(예절성), Honesty(정직성), Hospitality(환대 성)—을 "스키즈 정신"이라 명명한다.

190 Sealed Bid Buying [비밀입찰구매]

필요한 상품의 목록을 입찰신청서와 함께 업자들에게 보내면 업자들은 거 기에 가격을 기입해서 봉함우편으로 다시 우송하는데, 일반적으로 업자들 은 입찰신청서와 함께 보증수표나 계약보증금을 우송한다. 만약 입찰자가 낙찰되지 않을 경우 수표를 돌려보내고, 낙찰되었을 경우에는 그의 계약 을 만족스럽게 완수하였을 때 되돌려보내며, 공개입찰을 할 경우에는 최 저가격의 입찰자에게 낙찰된다.

191 S.O.P [표준운영절차] : Standard Operating Procedure

예산관리운영절차, 규정집 또는 전산 시스템 설계법(Study Organization Plan)의 하나를 의미한다. 또한 호텔 직원들의 업무의 표준을 규정해 놓은 것으로 서비스교육에 있어 기준이 되는 사항을 의미하기도 한다.

192 T/T Buying Rate [대원객 전신환매입률 : Telegraphic Transfer]

외국으로부터 전신으로 취결되어온 타발 송금환을 지급하는 경우에 적용 되는 환율을 의미한다.

193 T/T Selling Rate [대원객 전신환매도율 : Telegraphic Transfer]

송금은행이 송금 의뢰인에게 외환을 매도할 때 적용되는 환율을 의미한다.

194 Tax [조세 : Taxation]

비교적 널리 받아들여지고 있는 조세의 본질은, 즉 "조세란 공공단체의 재정수요조달을 위하여, 혹은 다른 행정목적, 특히 경제 정책적, 사회 정책적 목적을 실현하기 위하여 국가 또는 지방자치단체로부터 다른 경제주체에 대하여 강제적으로 어떤 특별한 대가 없이 부과되는 급부를 말한다"라고 설명할 수 있다.

195 Taxable [과세]

종사원에게 급여의 인상 및 승진으로 인하여 소급 지급할 금액 중 과세대상 금액을 의미한다.

196 Taxable Revenues [익금]

내국법인의 각 사업연도의 소득은 그 사업연도에 속하거나 속하게 될 익금의 총액에서 그 사업연도에 속하거나 속하게 될 손금의 총액을 공제한 금액으로서, 익금이란 각 사업연도의 소득금액 계산상 증가요인의 총화를 의미하며, 감소요인의 총화인 손금의 상대개념이다.

197 Tax Adjustment [세무조정]

기업의 재무제표가 회계의 기록적 사실과 회계 관습 및 경영자의 개인적 판단을 바탕으로 작성된 기업경영의 종합계산서라 한다면, 납세자로서 제출하는 세무신고서는 세법규정과 납세의 사실관계를 근거로 하여 작성한 납세자의 세법적 판단의 종합계산서라 할 수 있다.

198 Tax Invoice [세금계산서]

부가가치세 납세의무자로 등록한 사업자가 부가가치세가 과세되는 재화나 용역을 공급하는 때에는 부가가치세법 규정에 의한 거래시기에 공급하는 사업자의 등록번호, 성명 또는 명칭, 공급받는 자의 등록번호, 공급가액과 부가가치세액 및 작성연월일 등이 기재된다.

199 Tender Void [완전취소]

Bill상 Add Check Pick-up 이후 지급방법까지 등록된 상태의 Bill에서 품목의 변경사유가 발생 시 Bill 전체를 취소시키는 업무를 의미한다.

200 The Duplicate System [대조시스템]

식당 판매관리의 한 방법으로서 금전등록기(Cash Register Machine)나 식당 체킹머신(Checking Machine)이 원본 등록사항과 카본(Carbon)지의 금액을 대조 확인하는 방법을 의미한다.

201 Three Main Elements of Cost [원가의 3요소]

재료비, 인건비, 경비(감가상각비, 이자비, 혼합비 등의 일체)를 의미한다.

202 Traffic Allowance Pay [교통비]

전 종사원에게 출퇴근 교통비 보조금으로 지급되는 금액을 의미한다.

203 Transaction Register [거래기록서]

각 계정과목별로 당월에 발생된 거래를 기록한 명세서를 의미한다.

204 Transcript [집계표]

야간 감독자가 사용하는 집계표로서 미국의 Errol Kerr가 1911년 처음으로 소개한 양식이며, 각 부문별 발생한 수익계정으로 고객원장에 전기된 금액을 다시 체크하고, 각 부문의 수익 합계와 고객원장에 전기된 금액의 총 합계를 일치시키기 위한 대조시산표를 의미한다.

205 Transfer [트랜스퍼]

폴리오(Folio) 사용에 있어서 한 방식에서 다른 방식으로 옮기는 양식을 의미한다.

206 Transfer Credit [대변대체]

고객계정 간의 잔액을 이체할 때 사용되며, 이체계정 간에 상호 상대 계정번호가 각각의 고객원장에 기록됨으로써 상호추적이 가능하게 한다.

207 Transfer Debit [차변대체]

고객계정 중 City Ledger 또는 신용카드(Credit Card)로 계산이 이루어질 경우에 해당되며, 외상매출금계정에서 고객으로부터 미리 받은 선수금을 처리할 때도 이용되는 계정을 의미한다.

208 Transfer Folio [월장이월]

고객의 체류기간이 1주일을 경과하여 원래 개설한 고객원장에 더 이상 누적 계산을 할 수 없을 때 원장번호가 별도로 주어지지 않는 새로운 원장으로 옮기는 것을 의미한다.

209 Transfer From [트랜스퍼 프롬]

계산서 또는 원장 간의 차변 이월분을 의미한다.

210 Transfer Journal [대체분개장]

다른 계산서 또는 다른 원장 사이로 옮기는 코드를 사용할 때 쓰는 프런트 오피스(Front Office) 양식이다.

211 Transfer Ledger [트랜스퍼 레저]

단기 체재고객에 대한 인명으로 된 원장을 의미한다.

212 Transfer To [트랜스퍼 투]

계산서 또는 원장 간의 대변 이월분을 의미한다.

213 Transfer Sheet [양도전표]

부서와 부서 간에 상품 또는 재료가 이관될 때 재료비의 계정변경 시 소요되는 전표를 의미한다.

214 Transfer Transaction [대체거래]

현금의 수입이나 지출이 전혀 수반되지 않거나 부분적으로 현금의 수입이나 지출을 수반하는 거래를 의미한다.

215 Transmittal Form [트랜스미탈 폼]

호텔 고객으로부터 축적되어 있는 신용카드 후불을 우송하거나 기록하기 위하여 신용카드 회사로부터 제공받는 양식을 의미한다.

216 Traveller's Check [여행자 수표 : T/C]

여행자가 직접 현금을 지참하여 심적 위협을 느끼지 않도록 현금과 동일하게 사용할 수 있는 자기앞 수표와 같은 것으로서, 현금을 주고 매입할 때 서명을 해서 쓰기 때문에 제삼자는 사용이나 위조가 불가능하며, 두 번 서명하지 않은 것은 분실이나 도난 시에 타인의 사용이 불가능하며, 회사 및 은행에 의하여 발행되기 때문에 보험에 가입되어 있는 특수 수표이다.

217 Trial Balance [시산표 : T/B]

거래를 정확하게 분개 및 전기를 행하였는가를 검증하기 위한 수단으로 작성되는 것으로서 총계정원장상의 계정별 차변 및 대변의 합계액 또는 잔액을 모아 놓은 표를 말하며 계정집계표라고도 할 수 있다. 결산일에 각 계정별로 차변에 기입된 금액의 합계와 대변에 기입된 금액의 합계를 산출하여 모아 놓거나 차변과 대변의 합계액의 차액(잔액)을 계산하여 모아 놓은 일람표를 의미하는 것이기도 하다.

218 Trunk System [트렁크 시스템]

서비스 요금을 Waiter's Pay와 같이 예치계정에 분개하여 월말에 모든 종업원에게 환불하는 제도이다.

219 Trust [명의신탁]

수탁자에게 재산의 소유명의가 이전되지만, 수탁자는 외관상 소유자로 표시될 뿐이고 적극적으로 그 재산을 관리, 처분할 권리의무를 가지지 아니하는 신탁을 의미한다. 명의신탁의 대상이 되는 재산은 등기, 등록 등 공박에 의하여 소유관계를 표시할 수 있는 것에 한하며, 명의신탁의 명의는 소유명의만을 의미하므로 소유권에 관하여서만 명의신탁이 인정된다.

220 Turn-In [턴-인]

각 업장 교대시간에 업장 Cashier로부터 General Cashier에게 입금되는 입금 총액을 의미한다.

221 The Engineering Department [시설부]

호텔 건물과 시설의 보수 및 유지를 위한 기술적 업무를 수행하여 일부 호텔에서는 영선부로 부르며 전기실, 기관실, 목공실 등으로 편성되어 있으며 호텔의 방화관리 및 안전관리도 담당하는 부서를 의미한다.

222 Unappropriated Earned Surplus [미처분이익잉여금]

회사의 경영활동에 의하여 이익잉여금이 발생하였으나 특정목적에 사용하도록 처분되지 아니한 잉여금을 의미한다.

223 Uncollected Bill [언컬랙티드 빌]

식음료 계산서 처리 시 Posting은 되었으나 여러 가지 사유로 해서 회수 불능한 계산서로서 다른 말로 Open Check이라고도 한다.

224 Uniform System of Account for Hotel [호텔 표준회계형식 : USAH]

호텔기업의 특성에 맞는 회계기준 마련의 필요성 때문에 뉴욕시 호텔협회에서 제정하여 1986년부터 시행된 회계용어의 편람으로서 호텔업무의 전문성 때문에 회계상의 전문용어와 이용방법을 획일화하여 보증하기 위한 수익 비용을 주로 다룬다.

225 Unrealized Profit [미실현이익]

기업은 경영활동인 구매, 운반, 생산, 보관, 판매 등의 과정을 거쳐 손익을 얻게 되며, 기업회계기준에서는 모든 수익과 비용은 그것이 발생한 기간에 정당하게 배분되도록 처리하여야 하지만, 수익은 실현시기를 기준으로 계상하고 미실현수익은 당기의 손익계산에 산입하지 아니함을 원칙으로 한다고 규정하고 있다.

226 Uses of Funds [자금의 운용]

자금의 운용은 고정자산, 투자와 기타자산, 재고자산, 매출채권, 현금, 예금, 그리고 기타 항목의 순증가액을 의미한다.

227 VAT [부가가치세] : Value Added Tax

물품이나 용역이 생산 제공 유통되는 모든 단계에서 매출금액 전액에 대하여 과세하지 않고 기업이 부가하는 가치, 즉 Margin에 대하여만 과세하는 세금을 의미한다.

228 Void Bill [보이드 빌]

식음료 계산서 처리 시 영업 중 고객이나 종업원에 의하여 정정 혹은 수정되거나 기타 훼손 등으로 해서 불가피하게 무효화된 계산서를 의미한다.

229 Voucher [바우처 : Coupon]

호텔고객이 호텔에서 요금 대신 지급하는 보증서 및 증명서 개념으로 여행사와 항공사에서 발행하는 것으로서, 그룹투어, 식사, 관광, 객실 등의 비용을 미리 지급하여 호텔계산서를 발행하는 경우에 유통되는 양식이다.

230 Weekly Bills [주간 청구서]

주별로 고객의 모든 거래 내용을 계산 집계하며, 청구서의 잔액은 새로운 회계 Code에 전기 이월한다.

231 Welfare Expense [복리후생비]

기업이 종사원의 근로의욕의 고취를 통한 노동력의 유지관리와 생산성 제고, 종사원의 육체적, 문화적 건전화와 경제적, 지위의 향상, 근로환경 개성 등의 종사원 복리와 후생을 위하여 지출되는 일반 관리비나 제조경비의 일종으로서 복합비의 성격을 지니고 있으며, 복리시설의 경우에는 자산으로 취급하게 된다.

232 Working Sheet [정산표] : W/S

일정기간의 경영성적과 결산일 현재의 재무 상태를 하나의 표에 표시하기 위하여 작성되는 표를 의미한다. 정산표의 종류로는 6위식, 8위식, 10위식 등이 있으며, 가장 일반적인 것은 8위식(시산표, 정리기입, 손익계산서, 대차대조표) 정산표이다.

233 WTO [세계관광기구] : World Tourism Organization

국제관광사업의 급격한 발전에 맞추어 영국여행휴가협회가 1947년 제창하여 파리회의에서 정식으로 발족된 세계 최초의 국제관광기구를 의미한다.

234 Yield [표준산출량]

원상태의 식품재료에서 메뉴양을 의미한다. 원재료를 조리하는 동안 자르거나 조리로 인하여 발생한 정상적인 감소나 파손품에 의하여 산출량 가격은 변경되는데, 원래 무게의 단위 비용보다 사용가능한 무게의 단위 비용이 높다.

235 Yield Management [수익관리]

1988년 항공 산업에서 호텔산업에 도입된 것으로 중앙컴퓨터 시스템(Central Computer System)을 통하여 하루에 8만 번까지 가격이 변동되는 자동식 가격변동방식으로서, 판매수익의 증대, 이익의 극대화, 세분시장 효율성 향상, 제품 포트폴리오 전략의 강화, 수요의 안정화 등 무수한 장점이 있지만, 같은 객실을 구입하면서도 높은 가격을 지급하는 고객을 격리시킬 수 있는 단점이 있다.

236 Yield Test [산출량 실험]

식품의 원재료가 구매되어서 일정 수량이나 식료 원재료를 가지고 조리하여 판매할 수 있는 완제품의 상태로 만들었을 때의 수량이나 무게, 양을 실험하는 것으로서 산출량 실험을 하기 위해서는 구매한 무게, 먹을 수 있는 무게, 요리 시 발생하는 낭비율, 손실률 등을 고려해야 한다.

237 Zero Out [제로 아웃]

고객이 체크아웃(Check-Out)과 정리 시 회계균형을 맞추는 것을 의미한다.

238 Zero Rate [영세율]

세율이라 함은 세액을 산출하기 위하여 과세표준에 곱하는 비율(종가세의 경우) 또는 과제표준의 단위당 금액(종량세의 경우)을 말하는 것으로, 이러한 세율이 영(Zero)인 것을 영세율이라 한다.

239 Zero Defects [ZD 운동]

종업원 개개인이 자발적으로 추진자가 되어 일의 결함을 제거해 나가려는 무결점 운동이자 관리기법을 의미한다.

참고문헌

나무위키 namu.wiki

네이버사전

네이버지식백과

대한건축학회 건축용어사전

동아출판 프라임 영한사전

두산백과 http://www.doopedia.co.kr

레저산업진흥연구소(2008), 호텔용어사전, 백산출판사

미국육류수출협회, http://www.usmef.co.kr

미농무부 홈페이지(USDA), https://www.fsis.usda.gov

박영기·하채헌(2015), 호텔실무용어사전, 지식인

(사)한국컨시어지협회 홈페이지, http://lesclefsdorkorea.org

세계컨시어지협회 홈페이지, www.lesclefsdor.org

옥스퍼드 영한사전

위키피디아백과사전 https://en.wikipedia.org

이정학(2015), 호텔경영의 이해, 기문사

이정학(2018), 호텔 식음료 실습 제4판, 기문사

컴퓨터인터넷IT용어대사전

American MeatStory, https://americanmeat.co.kr/story/
    meatpedia?mod=document&uid=663

Wine Enthusiast, https://www.wineenthusiast.com

www.law.go.kr

www.mk.co.kr

www.setupmyhotel.com

www.vocabulary.com

저자소개

김성원

The University of Texas at Arlington, Ph.D in English
Texas A & M University – Commerce, MA in English

경력사항

현) 백석대학교 관광학부 부교수

노선희

세종대학교 호텔관광대학원 호텔관광경영학 전공(호텔관광경영학 박사)
Florida International University, Hospitality Management 석사

경력사항

현) 백석대학교 관광학부 부교수
한국관광공사, 호텔업등급결정 평가요원
세종대학교 외래교수
(주)호텔신라 서울, 객실부
The Fairmont Turnberry Isle Resort & Club(Florida, USA), Room's Division
Hyatt Regency Pier 66(Florida, USA), Front Office Department
그랜드 인터컨티넨탈호텔 서울, 식음료부

박슬기

Auburn University, Hospitality Management 박사
세종대학교 호텔관광대학원 호텔관광경영학 석사
서강대학교 경제학 학사

경력사항

현) 백석대학교 관광학부 글로벌호텔비즈니스전공 부교수

장현종

세종대학교 호텔관광대학원 호텔관광경영학 전공(호텔관광경영학 박사)
서울시립대학교 경영대학원 회계학 전공

경력사항

현) 백석대학교 글로벌호텔비즈니스전공 주임교수
　　충남경제진흥원 소상공인지원센터 전문위원
그랜드하얏트인천 구매부, 재경부, 객실부 매니저
천안시 정책자문위원
천안아산생활권행정협의회 민간자문위원
한국생산성본부 혁신위원
21년 국무조정실 일자리 · 국정과제평가단 평가위원

저자와의
합의하에
인지첩부
생략

호텔실무용어집

2022년 3월 20일 초판 1쇄 인쇄
2022년 3월 25일 초판 1쇄 발행

지은이 김성원·노선희·박슬기·장현종
펴낸이 진욱상
펴낸곳 (주)백산출판사
교 정 박시내
본문디자인 장진희
표지디자인 오정은

등 록 2017년 5월 29일 제406-2017-000058호
주 소 경기도 파주시 회동길 370(백산빌딩 3층)
전 화 02-914-1621(代)
팩 스 031-955-9911
이메일 edit@ibaeksan.kr
홈페이지 www.ibaeksan.kr

ISBN 979-11-6567-489-2 13980
값 31,000원